JN098036

自主保全士
検定試験
実技問題集

2024年度版

日本能率協会マネジメントセンター [編]

JMA MANAGEMENT CENTER INC.

オペレーター
のための
検定試験

日本能率協会マネジメントセンター

はじめに

　2001年度から、日本プラントメンテナンス協会の認定資格として、自主保全士検定試験が開始されました。

　自主保全士検定試験の意義として、次のことがあげられます。

　（1）　企業内の主観的評価から第三者の客観的評価に変わることにより、オペレーター個々の知識と技能が公平に評価される

　（2）　オペレーターが習得しなければならない知識と技能が明確化されることにより、学習意欲を刺激し、知識と技能の向上に貢献する

　（3）　高度な製造環境に対応できるオペレーターを数多く輩出することが期待でき、質の高い労働人口が確保されることで、産業界（企業）の体質強化を支援する

　自主保全士検定試験の主催団体である日本プラントメンテナンス協会では、今後さらに多くの企業の方々に、人材育成や技能評価の一助としてこの認定制度を活用していただけるよう、2015年度に検定試験や通信教育の基礎となる基本理念や制度運用上の基準をまとめた「自主保全士基本ガイド」を作成しました。

　2021年度からは編集の主体が日本プラントメンテナンス協会から日本能率協会マネジメントセンターに移管されましたが、受験者の学習においては、従来同様の記述をもって実際の試験に即した内容になっております。

　本書は、2022年度、2023年度に出題された実技試験問題の解答と解説を掲載しています。これまでの傾向の把握や、問題を解くためのポイントをつかむのに役立てていただければ幸いです。

　自主保全士検定試験の受験対策としては、『改訂版 自主保全士公式テキスト』（日本能率協会マネジメントセンター刊）をもとに学習した後に、本書および『2024年度版 自主保全士検定試験 学科問題集』（日本能率協会マネジメントセンター刊）で自分の実力を確認し、間違った部分を

再度学習するとよいでしょう。

　本書をはじめとする受験対策書を十分にご活用いただき、全員の方が合格されますよう祈念いたします。

日本能率協会マネジメントセンター

目次

2022 年度〔1 級〕実技試験問題　解答／解説

2022 年度〔2 級〕実技試験問題　解答／解説

「自主保全士」の基準および細目

　公益社団法人日本プラントメンテナンス協会では、4つの能力、ならびにそれを支え、かつ補完するものとして5つの知識・技能を兼ね備えた者を「設備に強いオペレーター」であると認め、「自主保全士」として認定しています。

4つの能力	意　味
1.　異常発見能力	異常を異常として見る目を持っている
2.　処置・回復能力	異常に対して正しい処置が迅速にできる
3.　条件設定能力	正常や異常の判断基準を定量的に決められる
4.　維持管理能力	決めたルールをきちんと守れる

オペレーターに求められる 5つの知識・技能
1.　生産の基本
2.　生産効率化とロスの構造
3.　設備の日常保全（自主保全活動）
4.　改善・解析の知識
5.　設備保全の知識

＜自主保全士の範囲（科目・項目・細目）＞
　2023年度以降の自主保全士検定試験ならびにオンライン試験は、8～12ページ掲載の範囲より出題されます。
　出題内容は『改訂版 自主保全士公式テキスト』の内容に準じたものとなりますが、範囲に沿ったテーマの中で、テキストに記載されていない内容を含む応用的な問題が出題される可能性があります。
　また、『改訂版 自主保全士公式テキスト』中のコラム欄の内容を基にした問題が出題される可能性もあります。
　各級の出題範囲に関する最新の情報は、自主保全士公式サイトよりご確認ください。

科目	項　目	細　目	公式テキストページ
1 生産の基本	安全衛生	安全に関する基本的な考え方	20〜41
		「不安全状態」と「不安全行動」	
		安全衛生点検の目的と種類	
		ヒューマンエラー	
		指差呼称	
		本質安全化	
		ヒヤリハット・ハインリッヒの法則	
		安全に作業するための服装や保護具の着用	
		各種作業における安全上の注意点	
		危険予知訓練（KYT）・危険予知活動（KYK）	
		リスクアセスメント	
		労働災害記録の評価指標	
		労働安全衛生マネジメントシステム（OSHMS）	
	5S	整理	42〜46
		整頓	
		清掃	
		清潔	
		躾（しつけ）	
	品質	品質管理の基本	47〜53
		抜取り検査	
		QC工程表	
		品質保全	
		ISO 9000ファミリー	
	作業と工程	作業標準	54〜56
		作業手順	
		生産統制と納期管理	
		生産管理	
	職場のモラール	リーダーシップ	57
		メンバーシップ	
	教育訓練	OJTとOff-JT	58〜62
		自己啓発	
		伝達教育	
		教育計画	
		スキル管理	
		教育訓練体系	
	就業規則と関連法令	就業規則と関連法令	63〜64
		勤務時間・出勤時間	
		残業時間	
		年次有給休暇（年休）	

科目	項　目	細　目	公式テキストページ
1 生産の基本	環境への配慮	公害の基礎知識	65 ～ 73
		3R の促進	
		ゼロ・エミッション	
		グリーン購入	
		エコマーク（Eco Mark）	
		廃棄物の分別回収	
		環境マネジメントシステム	
2 生産の効率化とロスの構造	保全方式	生産保全（PM）	76 ～ 81
		予防保全（PM）	
		事後保全（BM）	
		改良保全（CM）	
		保全予防（MP）	
	TPM の基礎知識	TPM の定義	82 ～ 89
		TPM の基本理念	
		TPM のねらい	
		TPM の効果	
		TPM 活動の 8 本柱	
	ロスの考え方	生産活動の効率化を阻害するロス	90 ～ 95
		設備の効率化を阻害するロス	
		操業度を阻害するロス	
		人の効率化を阻害するロス	
		原単位の効率化を阻害するロス	
	設備総合効率・プラント総合効率	設備総合効率・プラント総合効率	96 ～ 106
		時間稼動率	
		性能稼動率	
		良品率	
	故障ゼロの活動	故障ゼロの考え方	107 ～ 115
		故障ゼロへの 5 つの対策	
		保全用語の理解	

科目	項　目	細　　目	公式テキストページ
3 設備の日常保全（自主保全活動）	自主保全の基礎知識	自主保全の考え方	118～138
		保全の役割分担	
		自主保全活動の目的（ねらい）	
		自主保全活動の進め方	
		自主保全活動を成功させるポイント	
		活動時間	
		自主保全活動における安全対策（指導）	
	自主保全活動の支援ツール	自主保全3種の神器	139～152
		エフ	
		定点撮影（定点管理）	
		マップ	
	第1ステップ：初期清掃	初期清掃の目的（ねらい）	153～163
		初期清掃の進め方	
		初期清掃のポイント	
		初期清掃における安全対策	
		初期清掃の効果測定	
	第2ステップ：発生源・困難個所対策	発生源・困難個所対策の目的（ねらい）	164～171
		発生源・困難個所対策の進め方	
		発生源・困難個所対策のポイント	
		発生源・困難個所対策における安全対策	
		発生源・困難個所対策の効果測定	
	第3ステップ：自主保全仮基準の作成	自主保全仮基準の作成の目的（ねらい）	172～180
		自主保全仮基準の作成の進め方	
		自主保全仮基準の作成のポイント	
		自主保全仮基準（給油）の安全対策	
		自主保全仮基準の作成の効果測定	
	第4ステップ：総点検	総点検の目的（ねらい）	181～194
		総点検の進め方	
		総点検のポイント	
		総点検の効果測定	
	第5ステップ：自主点検	自主点検の目的（ねらい）	195～200
		自主点検の進め方	
		自主点検のポイント	
		自主点検の効果測定	
	第6ステップ：標準化、第7ステップ：自主管理の徹底	標準化の目的（ねらい）と進め方	201～203
		自主管理の徹底の目的（ねらい）と進め方	

科目	項　目	細　目	公式テキストページ
4 **改善・解析の知識**	QC ストーリーによる解析・改善	QC ストーリー	207 〜 223
		QC 七つ道具	
		QC データの管理	
		新 QC 七つ道具	
	なぜなぜ分析	なぜなぜ分析	224 〜 225
	PM 分析	PM 分析	226 〜 230
	IE（Industrial Engineering）	工程分析	231 〜 236
		稼動分析	
		動作研究	
		時間研究	
		ラインバランス分析	
	段取り作業の改善	段取り作業の改善	237 〜 238
	価値工学（VE）	価値分析（VA）・価値工学（VE）	239 〜 240
	FMEA・FTA	FMEA と FTA	241 〜 243
5 **設備保全の基礎**	機械要素	締結部品（ねじ・ねじ部品）	247 〜 279
		軸・軸受・軸継手	
		歯車・ベルト・チェーン（伝動）	
		密封装置（シール）	
	潤滑	潤滑の機能（摩擦と潤滑）	280 〜 292
		潤滑剤の種類	
		潤滑剤の劣化	
		潤滑機器の点検	
	空気圧・油圧（駆動システム）	空気圧	293 〜 303
		油圧	
		作動油	
	電気	電気	304 〜 310
	おもな機器・設備	空気圧機器	311 〜 352
		油圧機器	
		電気機器	
		工作機械	
	材料	金属材料	353 〜 367
		非鉄金属材料	
		金属材料記号の見方	
		金属の結合	
		改善に必要な材料	
		接着剤	

科目	項 目	細 目	公式テキストページ
5 設備保全の基礎	工具・測定器具	長さの測定機器	368 ～ 387
		角度の測定機器	
		温度の測定機器	
		回転計	
		流量計	
		振動計	
		電動工具	
		その他の工具	
	図面の見方	製図の重要性	388 ～ 399
		投影法	
		基本的な寸法記入法	
		表面性状と表面粗さ	
		寸法の許容限界	

　＜おもな変更個所＞
　今回、自主保全士の範囲ならびに本テキストにおきましては、より現代の生産現場で必要とされる設備管理技術に見合った内容へ近づけることや、判読性の向上を目的とした変更を行っています。
　従来からのおもな変更個所は以下のとおりです。
　　■科目 2 と科目 3 の科目順を入替え
　　[変更前] 科目 2：「設備の日常保全 (自主保全全般)」　科目 3：「効率化の考え
　　　　　　方とロスの捉え方」
　　[変更後] 科目 2：「生産効率化とロスの構造」(名称変更)　科目 3：「設備の
　　　　　　日常保全 (自主保全全般)」
　　■「QC 七つ道具」「QC データの管理」「新 QC 七つ道具」項目を、科目 1 から科目
　　4 に移動
　　■「科目 5　設備保全の基礎」の出題範囲に、軸、軸継手（『改訂版 自主保全士公
　　式テキスト』262 ～ 263 ページ）ならびに密封装置（『改訂版 自主保全士公式テキ
　　スト』275 ～ 279 ページ）を追加
　　これ以外にも、各科目・項目・細目について、名称の変更や統合を実施しています。

2023年度

自主保全士
検定試験

1級

実技試験問題
解答／解説

作業の安全

問題

・・・

【コンベヤ周辺の作業】は、荷物運搬用のコンベヤ周辺における作業の様子である。

【コンベヤ周辺の作業】を見て、次の各設問に解答しなさい。

【コンベヤ周辺の作業】

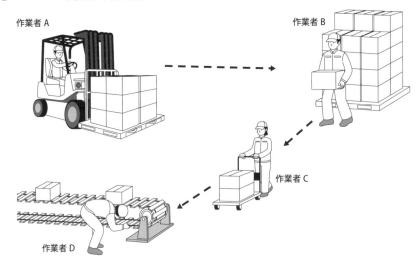

作業者A：フォークリフトを運転して、荷物が載ったパレットを運んでいる

作業者B：パレット上の荷物を、台車に載せている

作業者C：コンベヤに荷物を載せるため、荷物の載った台車をコンベヤまで運んでいる

作業者D：コンベヤが急停止したため、点検しようとしている

〔**設問 1**〕

作業者 D の点検前後の行動として、適切ではないものを選択肢から選びなさい。 ①

<**①の選択肢**>

ア．点検を開始するため、荷物をコンベヤに載せないよう作業者 C に指示する

イ．点検前に、コンベヤの電源スイッチを切り、操作禁止表示を行う

ウ．点検後の試運転では、回転物に手で触れて、異常振動がないことを確認する

エ．試運転で危険がないことを確認の上、操作禁止表示を取り外す

〔**設問 2**〕

各作業のうち、安全衛生規則において、特別教育の受講または免許の取得が必要とされている作業として、もっとも適切なものを選択肢から選びなさい。 ②

<**②の選択肢**>

ア．フォークリフトの運転

イ．台車を用いた 10kg 以上の荷物の運搬

ウ．コンベヤの点検・補修

エ．コンベヤの起動

〔設問3〕

　下表の各安全用語に関連する内容として、もっとも適切なものをそれぞれ選択肢から選びなさい。

安全用語	関連する内容
不安全状態	③
不安全行動	④
フールプルーフ	⑤
フェイルセーフ	⑥

<③～⑥の選択肢>

ア．作業者Cが、両手で台車の持ち手をつかんで荷物を運搬している

イ．一定の重さ以上の荷物の運搬には、台車を用いることが基準化されている

ウ．作業者Bの背より高い高さまで荷物が積まれている

エ．作業者Bは、作業を始める前に体操をするようにする

オ．作業者Cは、高熱で体調不良であるが、運搬作業をしている

カ．コンベヤの駆動部周りにカバーを設置して、カバーが開いているときは動作しないようにする

キ．コンベヤに大きな負荷がかかった場合、自動停止するようになっている

ク．コンベヤの周りに白線を引いて、作業区域を明確にする

ケ．作業者Aが、運転席から離れる際に毎回エンジンを止めている

コ．フォークリフトの走行時、音楽が流れるようになっている

〔設問4〕

「コンベヤの点検」をテーマとしてリスクアセスメントを行う際に、リスクレベルの検討に必要な情報として、適切ではないものを選択肢から選びなさい。　　　　　　　　　　　　　　　　　　　　　　　　⑦

<⑦の選択肢>

ア．点検時に着用する保護具の値段
イ．点検を行う頻度
ウ．点検中に災害が発生する可能性
エ．災害が発生した際の重篤度

解答

設問1	設問2	設問3				設問4
①	②	③	④	⑤	⑥	⑦
ウ	ア	ウ	オ	カ	キ	ア

解 説

〔設問 1〕と〔設問 3〕

①災害防止と安全確保

　災害は数多くの要因から構成され、災害発生の仕組みが設備の高度化にともなって複雑化してきています。災害防止には、災害が起きてからの再発防止の対策、いわゆる結果系の活動も重要ですが、災害が起こる前にその芽を摘む原因系の活動がより重要となります。

　安全確保には、「整理整頓」「点検整備」「標準作業の遵守」の安全の3原則が大切な管理方法となります。

②「災害ゼロ」の実現

「災害ゼロ」を実現するには、未然防止と安全管理を行うことです。災害は、図・1 に示すように不安全な状態と不安全な行動が結びついたときに発生するといわれています。

図・1 災害発生の要因

不安全な状態		災害発生	不安全な行動	
設備要因	管理的要因		教育要因	本人の要因
・設計不良	・管理組織不備		・危険個所の指示不十分	・勘違い、怠慢
・構造、材料不良	・不具合対策の遅延		・知識不足、悪習慣	・他のことを考えている
・安全装置不備	・作業点検などの基準欠如		・点検、訓練不十分	・疲労
・保守点検技術の不備			・理解の不徹底	・保護具を使用しない
・設備のレイアウト不備、照明、換気、音	・作業計画、人員配置の不備		・不適当な作業手順	・確認しない
・危険個所の放置	・保護具、服装などの欠陥の容認		・安全教育の軽視	
			・基準の軽視	

　日常の安全衛生活動において、「不安全な状態」と「不安全な行動」を
ゼロにする対策が大切です。

③本質安全化

　人間のエラーや不安全な状態に対してさまざまな安全衛生活動における
対策を行いますが、それだけで安全な状態を担保することはむずかしいた
め、「本質的な安全化」を図る必要があります。

　本質安全化の代表例として、フェイルセーフとフールプルーフがありま
す。

（1）フェイルセーフ

　フェイルセーフとは「アイテムが故障したとき、あらかじめ定められた
１つの安全な状態をとるような設計上の性質」です。機械や設備などに異
常（故障、停電、天災など）が発生しても、それが全体の事故や災害に波
及せず、安全側に作動するように配慮された設備の考え方です。

　故障により安全面に重大な影響を及ぼす可能性のある設備は、たとえ故
障が生じても危険な方向に進展しないように、設計段階で工夫することが
重要です。

例）石油ストーブが転倒しても、火災にならないようにするための自動消
　　火装置
例）過電流が流れても、自動的にブレーカーが落ちる漏電遮断器つきのコー
　　ドリール

（2）フールプルーフ

　フールプルーフとは「人為的に不適切な行為または過失などが起こって
も、アイテムの信頼性および安全性を保持する性質」です。作業者がエラー
をしても自動的に安全を確保でき、災害・事故につながらないようにする
考え方です。

　機械に対して、その作業標準や危険性などを理解していない場合でも、
いかなる誤操作も行われない（行えない）ようにした装置の例として以下
のものがあります。

例）一定の高さ以上に荷物を吊り上げられないようにするクレーンの巻き
　　過ぎ防止装置

例）プレス機械の安全機構
　・両手押しボタン式でプレスの際に手をいれられない
　・光線式安全装置のセンサーが感知すると、設備が停止する

〔設問 2〕

　フォークリフトの運転には、運転資格が必要です。

　資格は1トン以上か1トン未満かで、大きく2つに分かれ、それに適
した講習、教育を受けることが必要です。

　技能講習：最大荷重が1トン以上のフォークリフトの運転はこちらの
　　　　　　受講が必要です。

　特別教育：最大荷重が1トン未満のフォークリフトは、特別教育を修
　　　　　　了すれば運転可能です。

〔**設問 4**〕

　リスクアセスメントの実施において、リスクレベルの決定は、災害の大きさや災害になる可能性を推測し、その程度をつぎの方法で評価基準を作ります。

　　①　文書で評価する方法
　　②　数値で評価する方法

●ひと口メモ●

作業で必要な免許、技能講習、特別教育の説明

　労働安全衛生法は、一定の業務については、「免許を有する者」、「一定の技能講習を修了した者」等でなければ就業させてはならないとしています。いわゆる就業制限規定（法第61条）です。労働安全衛生法ではこの就業制限のほか、事業者に対して、一定の危険有害業務従事労働者には安全衛生特別教育の実施を求めています。特別教育の実施は、前項の就業制限に準じた運用取扱いがなされることがありますので留意が必要です。

　例えば、移動式クレーンの運転業務の場合、「5t以上」が免許、「1t〜5t未満」が技能講習、「1t未満」は特別教育が必要です。

　その他、いくつかの例を説明します。

免許が必要な作業（例）
・高圧室内作業主任者
・ガス溶接作業主任者
・ボイラ技士免許（特級、一級、二級）
・クレーン運転士免許（つり上げ荷重が5t以上）
など

技能講習の修了が必要な作業（例）
・プレス機械作業主任者技能講習
・有機溶剤作業主任者技能講習
・酸素欠乏危険作業主任者技能講習
・フォークリフト運転技能講習（最大荷重1t以上のもの）
・玉掛け技能講習（つり上げ荷重1t以上のクレーン等に係るワイヤーの掛け外しなどの作業）
など

特別教育を必要とする作業（例）
・研削といしの取替え又は取替え時の試運転の業務
・アーク溶接機を用いて行う金属の溶接、溶断等の業務
・最大荷重1t未満のフォークリフトの運転の業務
・玉掛けの兼務に係る特別教育（つり上げ荷重が1t未満のクレーン、移動式クレーン又はデリックの玉掛けの業務）
・小型ボイラーの取扱いの業務
・酸素欠乏危険場所における作業に係る業務
など

TPM

問題

TPM に関する次の各設問に解答しなさい。

【TPM の有形効果】

生産活動の効果指標項目 （PQCDSME）	名称	TPM活動継続による効果
P	⑧	⑨
Q	⑩	工程不良の減少
C	コスト	製造原価の低減
D	⑪	⑫
S	⑬	休業災害件数の減少
M	作業意欲	資格取得者数の増加
E	⑭	⑮

〔設問1〕

【TPM の有形効果】の空欄 ⑧ ～ ⑮ に当てはまる語句として、もっとも適切なものを選択肢から選びなさい。

<⑧～⑮の選択肢>

ア．生産性　イ．品質　　ウ．故障件数の減少　エ．納期

オ．安全　　カ．仕掛かり品・製品在庫量の減少

キ．環境　　ク．エネルギー　ケ．廃棄物の減少

コ．人材　　サ．サービス　シ．不良品クレーム件数の減少

ス．仕掛かり品・製品在庫量の増加

〔設問 2〕

TPM の 8 本柱のうち、「個別改善」の進め方に関する説明として、もっとも適切なものを選択肢から選びなさい。

⑯

<⑯の選択肢>

ア．職場のロスを把握して、上位方針に沿って、期間内にどれだけの問題を解決すべきかを決める

イ．設備に関する項目を学習し、教育を受けて、簡単な修理を行う

ウ．保全管理システムをつくり、高度な技術を駆使して設備の健康管理を行う

エ．工程で品質をつくり込み、設備で品質をつくり込み、品質不良を予防する

解答と解説　TPM

解答

設問1								設問2
⑧	⑨	⑩	⑪	⑫	⑬	⑭	⑮	⑯
ア	ウ	イ	エ	カ	オ	キ	ケ	ア

解 説

〔**設問1**〕

　TPM を導入してから、一定の成果（TPM 優秀賞受賞など）を得るまでには、おおよそ 3 年ほどの計画的な活動が必要とされます。

　TPM 活動を続けていくことによって、**表・1** のような有形の効果が現れます。

表・1　TPM の有形の効果

生産活動の効果指標項目	名称	有形効果
P：Productivity	生産性	付加価値生産性・設備総合効率の向上、故障・チョコ停件数の減少
Q：Quality	品質	工程内不良率・客先クレーム件数の減少
C：Cost	コスト	製造原価・ロスコストの低減
D：Delivery	納期	原料・仕掛かり品・製品の在庫量の減少
S：Safety	安全・衛生	休業・不休業災害件数の減少
M：Morale	作業意欲	改善提案件数・資格取得者数の増加、年間総労働時間数の減少
E：Environment	環境	環境改善件数の増加、廃棄物の減少

〔設問 2〕

　TPMの目標を効果的にかつ効率よく達成するために、TPM活動は8本柱によって活動を推進します。その1つの柱である「個別改善」活動の内容は、次のとおりです。

・個別改善

　設備の効率化を阻害する要因としてもっとも大きいのは、①故障ロス、②段取り・調整ロス、③刃具交換ロス、④立上がりロス、⑤チョコ停ロス、⑥速度ロス、⑦不良・手直しロスの7つです。TPMでは、これらのロスを徹底的に改善して、設備の効率化を追及します。

　個別改善のレベルアップは、次のように進めます。

・自分たちの職場にどのようなロスがどれだけあるかを把握する

・上位方針に沿って、期間内にどれだけの課題を解決すべきかを決める

・課題を短期間で解決し、目標を達成する

　個別改善では、目標を達成するために、各サークルが「何を、いつまでに、どの程度にしなければならないか」を決められる力を身につける必要があります。1つひとつの改善テーマに取り組むことによって、要因分析力、改善実施能力、条件設定能力など、QCストーリーにしたがって改善する力を身につけることが大切です。

【選択 A】
設備総合効率（加工・組立）

問題

・・・

【A 社工場の操業データ】【2022 年度下期と 2023 年度上期の操業データの比較結果】を見て、次の各設問に解答しなさい。

【A 社工場の操業データ】

	2022年度下期	2023年度上期
1 日の操業時間	480 分	540 分
1 日の計画休止時間	80 分	90 分
1 日の停止時間	60 分	50 分
1 日の加工数量	290 個	310 個
1 日の不良個数	40 個	20 個
基準サイクルタイム	1.0 分／個	1.0 分／個
実際サイクルタイム	1.1 分／個	1.1 分／個

【2022 年度下期と 2023 年度上期の操業データの比較結果】

時間稼動率、性能稼動率、良品率の 3 つの指標を 2022 年度下期と比べると、2023 年度上期は、 ㉑ が良化、 ㉒ が悪化し、結果的に設備総合効率は ㉓ した。

今後は、 ㉒ の悪化につながる ㉔ ロスの低減を検討することとした。

〔設問 1〕

2023年度上期の1日の稼動時間として、もっとも近いものを選択肢から選びなさい。

⑰

27

<⑰の選択肢>

　ア．400分　　イ．450分　　ウ．490分　　エ．500分

〔**設問2**〕

　2023年度上期の正味稼動率として、もっとも近いものを選択肢から選びなさい。　⑱

<⑱の選択肢>

　ア．80.1%　　イ．85.3%　　ウ．90.9%　　エ．95.5%

〔**設問3**〕

　2023年度上期の速度稼動率として、もっとも近いものを選択肢から選びなさい。　⑲

<⑲の選択肢>

　ア．80.1%　　イ．85.3%　　ウ．90.9%　　エ．95.5%

〔**設問4**〕

　2023年度上期の設備総合効率として、もっとも近いものを選択肢から選びなさい。　⑳

<⑳の選択肢>

　ア．64.4%　　イ．67.5%　　ウ．71.0%　　エ．74.3%

〔**設問 5**〕

空欄　㉑　〜　㉔　に当てはまる語句として、もっとも適切なものを選択肢から選びなさい。

＜㉑〜㉔の選択肢＞

ア．時間稼働率と性能稼働率　　　イ．時間稼働率と良品率

ウ．性能稼働率と良品率　　　　　エ．時間稼働率

オ．性能稼働率　　　　　　　　　カ．良品率

キ．良化　　　　　　　　　　　　ク．悪化

ケ．不良　　　　　　　　　　　　コ．性能

サ．停止

【選択 A】 解答と解説　設備総合効率（加工・組立）

解答

設問1	設問2	設問3	設問4	設問5			
⑰	⑱	⑲	⑳	㉑	㉒	㉓	㉔
ア	イ	ウ	ア	イ	オ	キ	コ

解説

　設備総合効率は、時間稼動率、性能稼動率と良品率の3つを掛け合わせて求められます。その内容は次のとおりです。

図・2　設備総合効率の求め方

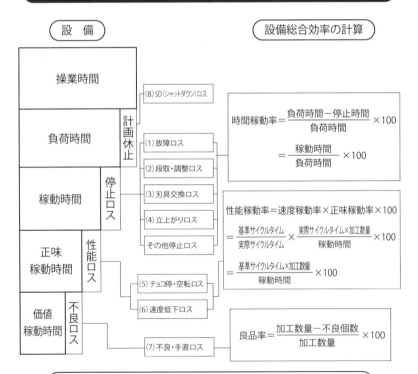

課題から【A 社工場の操業データ】を**表・2**のように整理します。

表・2で太枠（D、E、H）は計算して追加されている個所です。

		2022年度下期	2023年度上期
A	1日の操業時間	480分	540分
B	1日の計画停止時間	80分	90分
C	1日の停止時間	60分	50分
D	1日の負荷時間（A－B）	480－80＝400分	540－90＝450分
E	1日の稼動時間（D－C）	400－60＝340分	450－50＝400分
F	1日の加工数量	290個	310個
G	1日の不良個数	40個	20個
H	1日の良品個数（F－G）	290－40＝250個	310－20＝290個
I	基準サイクルタイム	1.0分／個	1.0分／個
J	実際サイクルタイム	1.1分／個	1.1分／個

表・2　A 社工場の操業データ

時間稼動率、性能稼動率、良品率の 3 つの指標を計算します。

【2023 年度上期】

時間稼動率（%）＝ E ／ D × 100 ＝ 400 ／ 450 × 100 ＝ 88.9

性能稼動率（%）＝ I × F ／ E × 100

$\qquad$ ＝ 1.0 × 310 ／ 400 × 100 ＝ 77.5

良品率（%）＝ H ／ F × 100 ＝ 290 ／ 310 × 100 ＝ 93.5

設備総合効率（%）＝時間稼動率×性能稼動率×良品率× 100 ＝ 64.4

速度稼動率（%）＝ I ／ J × 100 ＝ 1.0 ／ 1.1 × 100 ＝ 90.9

正味稼動率（%）＝ J × F ／ E × 100 ＝ 1.1 × 310 ／ 400 × 100

$\qquad$ ＝ 85.3

【2022 年度下期】

時間稼動率（%）＝ E ／ D × 100 ＝ 340 ／ 400 × 100 ＝ 85.0

性能稼動率（%）＝ I × F ／ E × 100

$$= 1.0 \times 290 \diagup 340 \times 100 = 85.3$$
良品率（％）＝ H ／ F × 100 ＝ 250 ／ 290 × 100 ＝ 86.2
設備総合効率（％）＝時間稼動率×性能稼動率×良品率× 100 ＝ 62.5
速度稼動率（％）＝ I ／ J × 100 ＝ 1.0 ／ 1.1 × 100 ＝ 90.9
正味稼動率（％）＝ J × F ／ E × 100 ＝ 1.1 × 290 ／ 340 × 100
$$= 93.8$$

【2022 年度下期】と【2023 年度上期】の各指標の数値を比較して、【2023
年度上期】が良化したのか悪化したのかを評価しました。

表・3　各指標の数値比較

	2022年度下期	2023年度上期	評価
時間稼動率	85.0％	88.9％	良化
性能稼動率	85.3％	77.5％	悪化
良品率	86.2％	93.5％	良化
設備総合効率	62.5％	64.4％	良化
速度稼動率	90.9％	90.9％	同じ
正味稼動率	93.8％	85.3％	悪化

ワンポイント・アドバイス 1

　この課題では、【2022 年度下期】と【2023 年度上期】の各指標の数値を比較して、性能稼動率と正味稼動率が悪化していることがわかりました。
　性能稼動率は、
　　　性能稼動率＝速度稼動率×正味稼動率
　で算出されます。
【2022 年度下期】と【2023 年度上期】の速度稼動率は同じです。
【2023 年度上期】の性能稼動率の悪化は、正味稼動率の悪化が原因となります。
　正味稼動率は、一定スピードの持続性を意味するもので、単位時間内において一定スピードで稼動しているかどうかを測る指標です。設計スピードや基準スピードに対して速い・遅いではなく、たとえスピードを落として稼動する場合でも、そのスピードで長時間安定稼動しているかどうかを測るものです。
　チョコ停によるロス、日報上に現れない小トラブル、調整ロスなどを算出しています。

One Point

ワンポイント・アドバイス **2**

　設備総合効率を求める計算式は、時間稼動率、性能稼動率（＝速度稼動率×正味稼動率）そして良品率の掛け算です。各計算式を並べて書いて、まとめると次のようになります。

$$\boxed{\text{設備総合効率の求め方}}$$

設備総合効率の計算

設備総合効率$(\%)$＝時間稼動率×性能稼動率×良品率

＝時間稼動率×速度稼動率×正味稼動率×良品率

$$= \frac{稼動時間}{負荷時間} \times \frac{基準サイクルタイム}{実際サイクルタイム} \times \frac{実際サイクルタイム×加工数量}{稼動時間} \times \frac{加工数量-不良個数}{加工数量} \times 100$$

$$= \frac{稼動時間}{負荷時間} \times \frac{基準サイクルタイム×加工数量}{稼動時間} \times \frac{加工数量-不良個数}{加工数量} \times 100$$

$$= \frac{基準サイクルタイム×（加工数量-不良個数）}{負荷時間} \times 100 = \frac{基準サイクルタイム×良品個数}{負荷時間} \times 100$$

$$= \frac{良品個数}{\dfrac{負荷時間}{基準サイクルタイム}} \times 100 = \frac{良品個数}{基準生産量} \times 100$$

　こうしてみると、設備総合効率というのは、負荷時間をそのまま生産に使えたときの基準生産量に対する実際の良品個数の割合といえます。

【選択B】
プラント総合効率（装置産業）

問題

【B社工場の操業データ】【2022年度下期と2023年度上期の操業データの比較結果】を見て、次の各設問に解答しなさい。

【B社工場の操業データ】

	2022年度下期	2023年度上期
1カ月の暦時間	720 時間	720 時間
1カ月の計画休止時間	50 時間	60 時間
1カ月の停止時間	40 時間	10 時間
理論生産レート	10.5 トン／時間	11.0 トン／時間
1カ月の生産量	6,500 トン	6,800 トン
1カ月の不良量	500 トン	300 トン

【2022年度下期と2023年度上期の操業データの比較結果】

時間稼動率、性能稼動率、良品率の3つの指標を2022年度下期と比べると、2023年度上期は、 ㉑ が良化、 ㉒ が悪化し、結果的にプラント総合効率は ㉓ した。

今後は、 ㉒ の悪化につながる ㉔ ロスの低減を検討することとした。

〔設問1〕

2023年度上期の1カ月の稼動時間として、もっとも近いものを選択肢から選びなさい。

㉗

ア．650 時間　イ．660 時間　ウ．670 時間　エ．710 時間

〔設問 2〕

　2023年度上期の実際生産レートとして、もっとも近いものを選択肢から選びなさい。　⑱

＜⑱の選択肢＞

ア．9.5 トン／時間　　　　　　　　　　イ．10.5 トン／時間
ウ．11.5 トン／時間　　　　　　　　　　エ．12.5 トン／時間

〔設問 3〕

　2023年度上期の性能稼動率として、もっとも近いものを選択肢から選びなさい。　⑲

＜⑲の選択肢＞

ア．85.1 ％　　イ．88.2 ％　　ウ．95.1 ％　　エ．98.8 ％

〔設問 4〕

　2023年度上期のプラント総合効率として、もっとも近いものを選択肢から選びなさい。　⑳

＜⑳の選択肢＞

ア．82.1 ％　　イ．85.7 ％　　ウ．89.0 ％　　エ．91.5 ％

〔**設問 5**〕

　空欄　⑳　～　㉔　に当てはまる語句として、もっとも適切なものを選択肢から選びなさい。

＜⑳～㉔の選択肢＞

> ア．時間稼動率と性能稼動率　　イ．時間稼動率と良品率
>
> ウ．性能稼動率と良品率　　　　エ．時間稼動率
>
> オ．性能稼動率　　　　　　　　カ．良品率
>
> キ．良化　　　　　　　　　　　ク．悪化
>
> ケ．品質　　　　　　　　　　　コ．性能
>
> サ．停止

解答

設問1	設問2	設問3	設問4	設問5			
⑰	⑱	⑲	⑳	㉑	㉒	㉓	㉔
ア	イ	ウ	ア	イ	オ	キ	コ

解 説

　プラント総合効率は、時間稼動率、性能稼動率と良品率の３つを掛け合わせて求められます。その内容は**表・4**のとおりです。

表・4　プラント総合効率の求め方

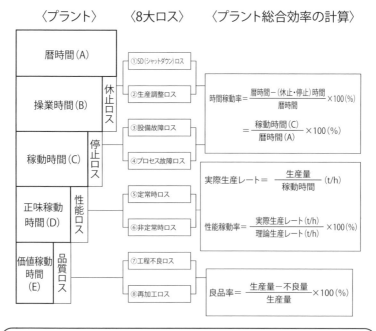

〈プラント〉　　〈8大ロス〉　　〈プラント総合効率の計算〉

| 暦時間（A） | | | |

①SD（シャットダウン）ロス

②生産調整ロス

休止ロス

操業時間（B）

$$時間稼動率 = \frac{暦時間 - （休止・停止）時間}{暦時間} \times 100（\%）$$

$$= \frac{稼動時間（C）}{暦時間（A）} \times 100（\%）$$

③設備故障ロス

④プロセス故障ロス

停止ロス

稼動時間（C）

$$実際生産レート = \frac{生産量}{稼動時間}（t/h）$$

⑤定常時ロス

⑥非定常時ロス

性能ロス

正味稼動時間（D）

$$性能稼動率 = \frac{実際生産レート（t/h）}{理論生産レート（t/h）} \times 100（\%）$$

⑦工程不良ロス

⑧再加エロス

品質ロス

価値稼動時間（E）

$$良品率 = \frac{生産量 - 不良量}{生産量} \times 100（\%）$$

プラント総合効率（%）＝時間稼動率×性能稼動率×良品率

課題から【B 社工場の操業データ】を次のように整理します。

表・5 で太枠（D、F、I）は計算して追加されている個所です。

表・5　B 社工場の操業データ

		2022年度下期	2023年度上期
A	1カ月の暦時間	720時間	720時間
B	1カ月の計画休止時間	50時間	60時間
C	1カ月の停止時間	40時間	10時間
D	1カ月の稼動時間（A－B－C）	630時間	650時間
E	理論生産レート	10.5トン/時間	11.0トン/時間
F	実際生産レート（G／D）	10.3トン/時間	10.5トン/時間
G	1カ月の生産量	6,500トン	6,800トン
H	1カ月の不良量	500トン	300トン
I	1カ月の良品量（G－H）	6,000トン	6,500トン

時間稼動率、性能稼動率、良品率、プラント総合効率の各指標を計算します。

【2023 年度上期】

時間稼動率（％）＝ D ／ A × 100 ＝ 650 ／ 720 × 100 ＝ 90.3

性能稼動率（％）＝ F ／ E × 100 ＝ 10.5 ／ 11.0 × 100 ＝ 95.5

良品率（％）＝ I ／ G × 100 ＝ 6,500 ／ 6,800 × 100 ＝ 95.6

プラント総合効率（％）＝時間稼動率×性能稼動率×良品率× 100

　　　　　　　　＝ 82.4

【2022 年度下期】

時間稼動率（％）＝ D ／ A × 100 ＝ 630 ／ 720 × 100 ＝ 87.5

性能稼動率（％）＝ F ／ E × 100 ＝ 10.3 ／ 10.5 × 100 ＝ 98.1

良品率（％）＝ I ／ G × 100 ＝ 6,000 ／ 6,500 × 100 ＝ 92.3

プラント総合効率（％）＝時間稼動率×性能稼動率×良品率× 100

　　　　　　　　＝ 79.2

【2022 年度下期】と【2023 年度上期】の、各指標の数値を比較して、良化／悪化の評価をしました。

	2022年度下期	2023年度上期	比較
時間稼動率	87.5％	90.3％	良化
性能稼動率	98.1％	95.5％	悪化
良品率	92.3％	95.6％	良化
プラント総合効率	79.2％	82.4％	良化
1カ月の休止・停止時間	90時間	70時間	良化
1カ月の計画休止時間	50時間	60時間	
1カ月の停止時間	40時間	10時間	

ワンポイント・アドバイス 1

　課題において、稼動時間から性能ロスの時間を差し引いたものが、正味稼働時間になります。

　正味稼働時間は、稼働時間に対して理論生産レートで正味稼働した時間です。

　スタート・停止および切替えのために発生した定常時ロス時間と、プラント異常のため生産レートをダウンさせた非定常時ロス時間などの性能ロス時間を、稼働時間から引いた時間です。

One Point

ワンポイント・アドバイス 2

　プラント総合効率を求める計算式は、時間稼動率、性能稼動率そして良品率の掛け算です。各計算式を並べて書いて、まとめると次のようになります。

プラント総合効率の求め方

プラント総合効率の計算

プラント総合効率（％）＝時間稼動率×性能稼動率×良品率

$$= \frac{稼動時間}{暦時間} \times \frac{実際生産レート}{理論生産レート} \times \frac{生産量-不良量}{生産量} \times 100$$

$$= \frac{稼動時間}{暦時間} \times \frac{生産量}{稼動時間} \times \frac{1}{理論生産レート} \times \frac{生産量-不良量}{生産量} \times 100$$

$$= \frac{生産量-不良量}{暦時間 \times 理論生産レート} \times 100 = \frac{良品量}{暦時間 \times 理論生産レート} \times 100$$

$$= \frac{良品量}{理論生産量} \times 100$$

　こうしてみると、プラント総合効率というのは、暦時間をそのまま生産に使えたときの理論生産量に対する実際の良品量の割合といえます。

故障ゼロの考え方

問題

●●●

【故障ゼロへの 5 つの対策】を見て、次の設問に解答しなさい。

【故障ゼロへの 5 つの対策】

故障ゼロへの5つの対策	現場の状況の例
㉕	設備の電流・電圧・温度・取付け条件などを確認し、決められた使い方で操作した
㉖	設備を点検しやすくなるように改造して、MP情報を設計部門へ共有した
技能を高める	リーダーがメンバーへ、設備の操作手順を教育した
㉗	Vベルトに亀裂があるのを見つけたため、交換した
㉘	潤滑油の点検基準に基づき、油量・油温・色などを点検したところ、油量が給油基準値まで減少していたため、給油した

〔設問 1〕

【故障ゼロへの 5 つの対策】の空欄 ㉕ ～ ㉘ に当てはまる語句として、もっとも適切なものを選択肢から選びなさい。

<⑤~⑧の選択肢>

　ア．劣化を復元する

　イ．4M（人、機械、材料、方法）の条件を改善する

　ウ．強制劣化を排除する

　エ．基本条件を整える

　オ．5Sを徹底する

　カ．使用条件を守る

　キ．設計上の弱点を改善する

　ク．自主管理を徹底する

【寿命特性曲線】を見て、次の設問に解答しなさい。

【寿命特性曲線】

　下図は、寿命特性曲線またはバスタブ曲線と呼ばれるものであり、設備の故障率を ⑲ に対して示したものである。時期によって、初期故障期、 ⑳ 期、 ㉑ 期の3つの期間に分類され、特に、 ㉑ 期には、 ㉒ の強化などの対策が有効である。

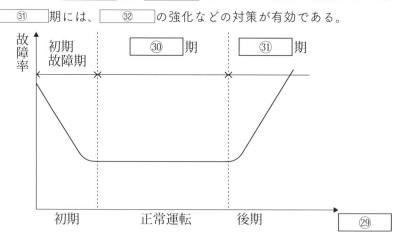

〔**設問 2**〕

【寿命特性曲線】の空欄 ㉙ ～ ㉜ に当てはまる語句として、
もっとも適切なものを選択肢から選びなさい。

＜㉙～㉜の選択肢＞

ア．強制故障　　　　イ．摩耗故障　　　　ウ．予防保全

エ．偶発故障　　　　オ．老化故障　　　　カ．事後保全

キ．稼動時間　　　　ク．停止回数

解答

設問1				設問2			
㉕	㉖	㉗	㉘	㉙	㉚	㉛	㉜
カ	キ	ア	エ	キ	エ	イ	ウ

解説

〔設問1〕

①故障ゼロへの5つの対策

　設備の基本機能、構造・メカニズムなどの諸特性調査と過去の故障解析から、設備の故障ゼロ対策の重点項目は次の5項目になります。

　① 基本条件を整える
　② 使用条件を守る
　③ 劣化を復元する
　④ 設計上の弱点を改善する
　⑤ 技能を高める

　これらの重点項目の一般的な内容をまとめたのが**表・7**です。

表・7　故障ゼロへの 5 つの対策

故障ゼロへの 5 つの対策	重 点 項 目 の 内 容	
1. 基本条件を整える	• 設備の清掃：発生源防止対策 • 清掃：清掃基準の作成 • 点検：増締め、ゆるみ止め対策 • 給油：給油個所の洗い出し、給油方式の改善	
2. 使用条件を守る	• 設計能力と負荷の限界値設定：過負荷運転に対する弱点対策 • 設備操作方法の標準化 • ユニット、部品の使用条件の設定と改善 • 施工基準の設定と改善：据付け、配管、配線 • 回転しゅう動部の防じん、防水 • 環境条件の整備：じんあい、温度、湿度、振動、衝撃	
3. 劣化を復元する	劣化の発見と予知	• 共通ユニットの五感点検と劣化部位摘出 • 設備固有項目の五感点検と劣化部位摘出 • 日常点検基準の作成 • 故障個所別 MTBF 分析と寿命推定 • 取替えの限界値の設定 • 点検・検査・取替え基準作成 • 異常徴候のとらえ方の検討 • 劣化予知のパラメーターと測定方法の検討
	修理方法の設定	• 分解・組立、測定、取替え方法の基準化 • 使用部品の共通化 • 工具器具の改善・専用化 • 修理しやすい整備：構造面からの改善 • 予備品の保管基準の設定
4. 設計上の弱点を改善する	• 寿命延長のための強度向上対策：機構・構造、材質、形状、寸法精度、組付け精度・強度、耐摩耗性、耐腐食性、表面性状、容量など • 動作ストレスの軽減対策 • 超過ストレスに対する逃げの設計	

故障ゼロへの 5 つの対策	重 点 項 目 の 内 容	
5. 技能を高める	操作ミスの防止	・操作ミスの原因分析 ・操作盤の設計改善 ・インターロックの付加 ・ポカヨケ対策 ・目で見る管理の工夫 ・操作・調整方法の基準化
	修理ミスの防止	・修理ミスの原因分析 ・誤りやすい部品の形状、組付け方法の改善 ・予備品の保管方法 ・道具・工具の改善 ・トラブル・シューティングの手順化、容易化対策：目で見る管理の工夫

〔設問 2〕

②寿命特性曲線 ......

　寿命特性曲線（bath-tub curve）は、設備のライフサイクルにおいて故障の発生が時間とともにどのように変化するかを表した曲線です。

寿命特性曲線（bath-tub curve）

　設備の故障率を稼動時間に対して示すと、初期と後期に故障率が高くなり、**図・3** のようになります。すなわち、初期故障、偶発故障、摩耗故障の 3 つの期間に分けられます。このカーブが洋式の浴槽に似ていることからバスタブ曲線といいます。

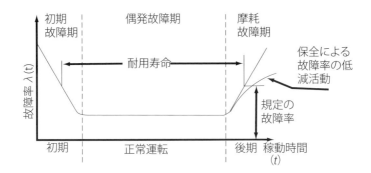

図・3　バスタブ曲線

・初期故障期：使用開始後の比較的早い時期（新設備の稼動開始など）に、設計・製造上の欠陥、あるいは使用条件、環境の不適合によって故障が生じる時期。時間の経過とともに故障率が減少する期間

・偶発故障期：初期故障期と摩耗故障期の間で、偶発的に故障が発生する時期。いつ次の故障が発生するか予測できない期間であるが、故障率がほぼ一定と見なすことができる時期をいう

・摩耗故障期：疲労、摩耗、老化現象などによって、時間の経過とともに故障率が大きくなる時期。事前の検査や監視によって予知できる故障対策で、上昇する故障率を下げることができる

ワンポイント・アドバイス

　故障の３つの基本パターン（DFR 型、CFR 型、IFR 型）とバスタ
ブ曲線の関係を表すと図のようになります。

寿命特性曲線（Bathtab curve）

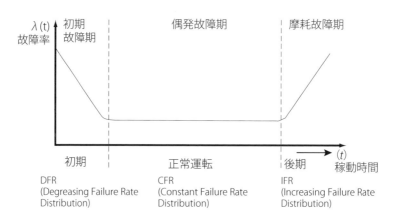

（1）DFR（Degreasing Failure Rate 型）
　故障率が時間とともに減少するタイプである。設計、製造上の欠
陥なののために初期段階で故障が多く発生するが、時間とともにこ
れらの欠陥が取り除かれ、故障率が低下していく場合である。
（2）CFR（Constant Failure Rate 型）
　故障率が時間のよらず一定のタイプである。アイテムが安定した
稼動状態にあり、故障の発生が偶発的な場合である。
（3）IFR（Increasing Failure Rate 型）
　故障率が時間とともに増加するタイプである。軸受の摩耗のよう
にアイテムが時間とともに劣化し、それにともなって故障しやすく
なる場合である。

〈参考文献〉
「ライフサイクル・メンテナンス」（高田祥三著、JIPM ソリューション）

問題

自主保全活動支援ツールに関する次の各設問に解答しなさい。

【ワンポイントレッスンの種類】

ワンポイントレッスンは、「学ぶだけでなく、学んだことを実践して体得する」ということであり、使用目的により、以下の3つに大別される。

- ・ ⑳ : 見つけてよかった事例や、修理交換要領などを扱う
- ・ ㉞ : 効果のあったノウハウ集や、効果算定要領などを扱う
- ・ ㉟ : 機械設備の使い方や、日常の5Sなどを扱う

〔設問1〕

【ワンポイントレッスンの種類】の空欄 ⑳ ～ ㉟ に当てはまる語句として、もっとも適切なものを選択肢から選びなさい。

<⑳～㉟の選択肢>

ア．トラブル事例	イ．ヒヤリハット	ウ．活動報告書
エ．基礎知識	オ．改善事例	カ．スキルチェック

【ワンポイントレッスンの活用の注意点】

- ・教育手段として、 ㊱ 行う
- ・リーダーはサークル全員のレベルアップを図るため、 ㊲ を行う
- ・うまく説明できなかったら、 ㊳ 教える
- ・必要なとき、タイミングよく、知識を深め、腕を磨く（自ら考え、調査し、工夫をこらし、 ㊴ を使い、まとめるとよい）

・原則として、 ⑳ の項目を1ページにまとめる

・行動として実践できるまで、 ㊶

〔設問2〕

【ワンポイントレッスンの活用の注意点】の空欄 ㊱ ～ ㊶ に
当てはまる語句として、もっとも適切なものを選択肢から選びなさい。

<㊱～㊶の選択肢>

ア．繰り返し必要に応じて行う　　　イ．絵や図など

ウ．伝達教育　　　　　　　　　　　エ．第三角法

オ．設備に触れてはならない　　　　カ．関連する複数

キ．安全パトロール　　　　　　　　ク．もう一度復習して

ケ．時間とコストをかけて　　　　　コ．1つ

サ．PDCAサイクル　　　　　　　　シ．短時間に要領よく

解答と解説　自主保全活動支援ツール

解答

設問1			設問2					
㉝	㉞	㉟	㊱	㊲	㊳	㊴	㊵	㊶
ア	オ	エ	シ	ウ	ク	イ	コ	ア

解 説

　現業部門における教育は、教育のためにまとまった時間をとることが困難な場合が多いです。また、一度教育を受けても日常で繰返しの復習がなければ身につかない場合があります。そこで、朝礼やちょっとした時間（5〜10分）を利用して、日常活動の中で学習することが非常に有効となってきます。その際に威力を発揮するのが、ワンポイントレッスンです。自主保全活動を進める中で、さかんに行われる学習活動のひとつです。

①ワンポイントレッスンの種類

　ワンポイントレッスンは使用の目的により、3つに大きく大別されます。図・4 にワンポイントレッスンの例を示します。

■基礎知識

　日常の生産活動や TPM 活動を展開するうえで、知っていなければならないことをまとめたもので、基礎知識の不足を補うために有効です。

　　＜ポイント＞　伝達教育・機械基礎設備の使い方・品質・整理・整頓・
　　　　　　　　　ノウハウなどを扱う

■トラブル事例

　実際に発生した不良・故障などのトラブル事例をもとに、再発防止の観点から日常何をしなければならないかといったポイントをまとめたものです。トラブルがどのような不具合の見逃がしによるものか、それはどのよ

うな知識不足によるものなのか、発生したトラブルを再び繰り返さない・起こさないためのものです。

> ＜ポイント＞　見つけてよかった事例・発見事例・修理交換要領・五感点検要領・安全作業などを扱う

■改善事例

　現場のサークル活動の中から生まれ、成果に結びついた改善事例を水平展開するために、改善の考え方・対策内容・効果についてまとめたものです。また、伝達教育の終了後も教えたことがサークル員全員に理解されているか、日常実践されているかが重要です。

> ＜ポイント＞　効果のあった改善ノウハウ集・効果算定要領・改善スキル集・水平展開などを扱う

②ワンポイントレッスン活用のねらい

a. リーダーはサークル全員のレベルアップを図るため、伝達教育を行う義務がある

b. 必要なとき、タイミングよく、知識を深め、やる腕を磨く（自ら考え、調査し、工夫を凝らし、絵・図・マンガを使い、色分けできるとよい）

c. 教えるという行動を通じてリーダーシップが確立される（うまく説明できなかったらもう一度復習して教える）

d. 教育手段として短時間に要領よく行う（5 ～ 10 分以内で行える内容にする）

e. 単なる知識で終わることなく、伝達教育後日常実践されているかフォローする

f. 行動として実践できるまで、繰返し必要に応じて行う

g. 原則として1項目1ページにまとめる

③伝達教育

　教育を受けたサークルリーダーが、その内容をサークルメンバーなどに教えます。その際、リーダーは単に同じことを教えるだけでなく、自分な

りに工夫し、自分の現場の設備に合ったものに置き換えて教えることが大切です。このとき、ワンポイントレッスンの活用は、有効な手段となります。

ワンポイントレッスン

〈基礎知識〉

テーマ名	リミットスイッチの点検

部位別故障発生件数

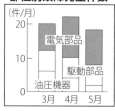

最近の故障を見ると、「電気部品」によるものが増える傾向です。その中でもリミットスイッチによる故障が多いため、次の「一斉点検」を行ってください。

【ローラーレバー式リミットスイッチ】

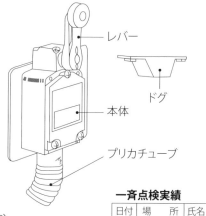

部品別故障発生件数

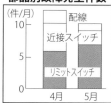

①切削油はかかっていないか
②可動部に取り付けていないか
③本体の固定はよいか
④レバーの固定はよいか、押し込みすぎていないか
⑤プリカチューブの破損はないか、向きはよいか
⑥ドグの固定はよいか

一斉点検実績

日付	場　　所	氏名

レッスン実績	月日		（講師・受講者）	職制印	課　長	係　長	組　長
	氏名						

連番		作成者名		作成年月日	

自主保全仮基準書の作成

問題

【油圧ユニット】は、自主保全活動の第3ステップにおいて、構成機器に関する作業の仮基準書を作成しようとしている油圧ユニットである。

【油圧ユニット】を見て、次の各設問に解答しなさい。

【油圧ユニット】

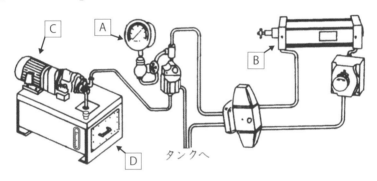

タンクへ

〔設問1〕

仮基準書に設ける項目として、<u>適切ではない</u>ものを選択肢から選びなさい。

㊷

<㊷の選択肢>

ア．点検作業時間の目安

イ．点検作業の方法

ウ．点検作業を行う周期

エ．点検作業完了後のチェック欄

57

〔**設問 2**〕

仮基準書に設ける作業区分として、もっとも適切なものを選択肢から選びなさい。

⑭

＜⑭の選択肢＞

ア．段取り、点検、片付け　　　　イ．復元、点検、改善

ウ．清掃、点検、給油　　　　　　エ．測定、点検、監視

〔**設問 3**〕

仮基準書の中で、【油圧ユニット】の機器Ａ・Ｂの点検基準の例として、もっとも適切なものを選択肢から選びなさい。

機器	点検基準の例	作業のタイミング
A	㊹	運転中
A	㊺	停止中
B	㊻	運転中
B	㊼	停止中

＜㊹～㊼の選択肢＞

ア．カップリングに異常音がないか

イ．指示値は設定範囲内であるか

ウ．ドレン溜まりはないか

エ．表面温度が油温 +5℃以上を保っているか

オ．ゼロ点は合っているか

カ．ロッドのボルトのゆるみはないか

キ．ハンドルが固着していないか

ク．ストロークに異常・変化はないか

〔**設問 4**〕

【油圧ユニット】の機器 C に関する作業のオペレーターと保全部門の作業分担として、適切ではないものを選択肢から選びなさい。

⑱

＜⑱の選択肢＞

ア．聴覚ならびに触覚による点検で対応できるものは、オペレーターが担当することにした

イ．機器周辺の汚れは、点検と同時にオペレーターがウエスで拭き取ることにした

ウ．振動の目視点検はオペレーターが、振動計を用いた傾向管理は保全部門が担当することにした

エ．日常的に行う清掃作業は保全部門が、不定期に行う分解整備はオペレーターが担当することにした

〔**設問 5**〕

【油圧ユニット】の機器 D に関する作業の効率化を目的とした改善の例として、適切ではないものを選択肢から選びなさい。

⑲

＜⑲の選択肢＞

ア．給油する油種を増やす

イ．油量の上限・下限を表示する

ウ．給油口に色付けする

エ．油種のラベルを作成して貼り付ける

解答

設問1	設問2	設問3				設問4	設問5
㊷	㊸	㊹	㊺	㊻	㊼	㊽	㊾
エ	ウ	イ	オ	ク	カ	エ	ア

解説

〔**設問 1**〕と〔**設問 2**〕

①第3ステップのねらい

第1、第2ステップの活動から得られた体験に基づき、

① 第1ステップで汚れを清掃して合格したレベルを維持する

② 第2ステップで発生源・困難個所を対策した設備の状態を維持することをねらいとしています。

①と②を継続して維持するために、清掃基準の作成と給油・潤滑状態の見直し、さらに不具合個所、給油や点検の困難個所を摘出・改善して清掃、点検と給油の仮基準を作成します。

また、守りやすい、時間がかからない基準をつくり、設備の信頼性・保全性の向上を図ります。基準書とともにチェックシートをつくり、管理を進めていきます。

②第3ステップの進め方

第1、第2ステップの活動から得られた体験に基づいて、自分の設備の「あるべき姿」を明らかにします。次に「あるべき姿」を維持するための行動基準（5W1H）を自分たちで作成し、実践していきます。この行動基準を具体的に表したのが仮基準書です。

仮基準書の作成要領を**図・5**に、事例を**図・6**に示します。

図・5　自主保全仮基準書作成要領の例

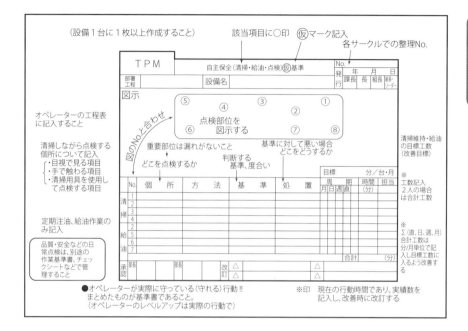

図・6　仮基準書の作成例

作業手順書	清掃・給油・点検仮基準	有効期限	発行	年　月　日
所属　―――――	設備名　―――――（その1）	／		課長｜組長｜班長

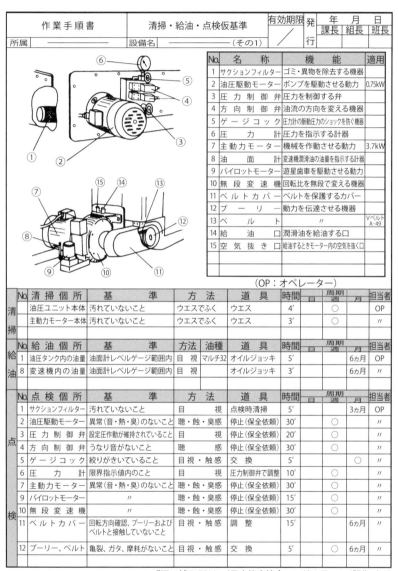

No.	名　　称	機　　能	適用
1	サクションフィルター	ゴミ・異物を除去する機器	
2	油圧駆動モーター	ポンプを駆動させる動力	0.75kW
3	圧 力 制 御 弁	圧力を制御する弁	
4	方 向 制 御 弁	油流の方向を変える機器	
5	ゲ ー ジ コ ッ ク	圧力計の脈動圧力のショックを防ぐ機器	
6	圧　力　計	圧力を指示する計器	
7	主 動 力 モーター	機械を作動させる動力	3.7kW
8	油　面　計	変速機潤滑油の油量を指示する計器	
9	パイロットモーター	遊星歯車を駆動させる動力	
10	無 段 変 速 機	回転比を無段で変える機器	
11	ベ ル ト カ バ ー	ベルトを保護するカバー	
12	プ ー リ ー	動力を伝達させる機器	
13	ベ ル ト	〃	Vベルト A-49
14	給　油　口	潤滑油を給油する口	
15	空 気 抜 き 口	給油するときモーター内の空気を抜く口	

（OP：オペレーター）

	No.	清掃個所	基　準	方　法	道　具	時間	日	周期 週	月	担当者
清掃		油圧ユニット本体	汚れていないこと	ウエスでふく	ウエス	4′		○		OP
		主動力モーター本体	汚れていないこと	ウエスでふく	ウエス	3′		○		〃

	No.	給油個所	基　準	方法	油種	道　具	時間	日	周期 週	月	担当者
給油		油圧タンク内の油量	油面計レベルゲージ範囲内	目　視	マルチ32	オイルジョッキ	5′			6ヵ月	OP
	8	変速機内の油量	油面計レベルゲージ範囲内	目　視		オイルジョッキ	3′			6ヵ月	〃

	No.	点検個所	基　準	方　法	道　具	時間	日	周期 週	月	担当者
点検	1	サクションフィルター	汚れていないこと	目　視	点検時清掃	5′			3ヵ月	OP
	2	油圧駆動モーター	異常（音・熱・臭）のないこと	聴・蝕・臭感	停止（保全依頼）	30′		○		〃
	3	圧 力 制 御 弁	設定圧作動が維持されていること	目　視	停止（保全依頼）	20′		○		〃
	4	方 向 制 御 弁	うなり音がないこと	聴　感	停止（保全依頼）	30′		○		〃
	5	ゲ ー ジ コ ッ ク	絞りがきいていること	目視・触感	交　換	5′			○	〃
	6	圧　力　計	限界指示値内のこと	目　視	圧力制御弁で調整	10′		○		〃
	7	主 動 力 モーター	異常（音・熱・臭）のないこと	聴・蝕・臭感	停止（保全依頼）	30′		○		〃
	9	パイロットモーター	〃	聴・蝕・臭感	停止（保全依頼）	15′		○		〃
	10	無 段 変 速 機	〃	聴・蝕・臭感	停止（保全依頼）	30′		○		〃
	11	ベ ル ト カ バ ー	回転方向確認、プーリーおよびベルトと接触していないこと	目視・触感	調　整	15′			6ヵ月	〃
	12	プーリー、ベルト	亀裂、ガタ、摩耗がないこと	目視・触感	交　換	5′		○	6ヵ月	〃

『不二越の TPM』（日本能率協会コンサルティング刊）より

〔設問 3〕の解説

機器Ａ 圧力計の点検ポイント

[停止中]

・指針がゼロ点を指しているか

[運転中]

・指定の圧力範囲を指しているか

・使用最高圧力と使用最低圧力の変動が大きくないか

・ケース・ガラスの割れ、変形、ボルトのゆるみはないか

・配管・継手からオイル漏れのないこと

機器Ｂ シリンダーの点検ポイント

[停止中]

・取付けボルトのゆるみはないか

・タイロッドのゆるみはないか

・ロッドねじ部のゆるみ止めは確実か

・ロッドにきず、摩耗はないか

・油漏れはないか

・クッションバルブ、ナットのゆるみはないか

・防じん用ジャバラに破れはないか

[運転中]

・ロッドの前後進はスムーズか

・シリンダースタート時の飛び出し、または遅れはないか

〔設問 4〕の解説

機器Ｃ 油圧ポンプの作業分担

オペレーターは自主保全の点検基準書に従った作業を実施します。
保全部門は、定期的または不定期の保守作業（分解整備を含む）
を実施します。

〔設問 5〕の解説

機器 D 油圧タンクに関する作業

課題では給油に関する問題になっていますので、給油点検のポイントを説明します。

給油点検を行うのに先立ち、オペレーターに潤滑教育・給油点検マニュアルにより給油指導と伝達教育を行うのがポイントです。

[給油教育のポイント]

・油種を明確にし、できれば油種を統一し少なくする

・給油口・給油個所を漏れなくリストアップする

・集中給油の場合、給油系統を整備し、潤滑系統図を作成する（ポンプ→配管→分配弁→配管→末端）

・各接続部・摺動部の分解点検を行う際に、分配弁での詰まり、配管の詰まり、つぶれや漏れがないかどうかなどを分配量の違いで確認し、末端必要個所に行き届いているかどうかチェックする

・単位時間あたりの消費量はどうか（1回または1週間）

・1回あたりの給油量はどうか

・給油配管の長さはどうか（とくにグリースの場合）、1系列でいいか、2系列にする必要はあるか

・廃油の処理方法はどうするのか（グリース注油後の廃油）

・油種・油量・給油量を仕様書などでチェックし、油種・給油周期など、給油ラベルの設定を給油個所へ貼り付け、「目で見る管理」を実施する

・潤滑油スタンドを設置する（油の保管・給油器具の保管方法）

・給油困難個所のリストアップと対策を行う

・給油個所に対して保全部門との分担を決める（自主保全で行う範囲をどうするか）

ワンポイント・アドバイス

　[設問 5] の機器 D 油圧タンクの日常点検について説明します。

　油圧タンクは、作動油を必要量貯えるだけではなく油中の混合物や気泡の分離除去、さらには油圧装置の発生する熱を放散して、油温が上昇するのをやわらげます。
［日常点検］
　日常点検はオペレーターが機器や作動油の状態を目視や手で触れるなど五感で簡単に点検するものであり、次の項目を行います。
・油温の管理
・油面の管理
・タンクのドレン抜き

QC 手法・新 QC 手法

問題

QC 手法・新 QC 手法に関する次の各設問に解答しなさい。

【品質管理手法】

目的	用いる手法	
	名称	概略図
湿度の高さが不良品発生に影響している可能性があるので、湿度と製品不良率に相関関係があるか確認したい	(50)	(54)
抜取り検査や製品検査の結果を用いて、管理線との関係、データの並び方から工程の状態を確認したい	(51)	(55)
職場メンバーの抱える問題について、メンバーの意見を集めて、類似性を整理し、活動テーマとする案を出しやすくしたい	(52)	(56)
計画している工事に対して工期の過不足など日程上の問題点を見つけ、クリティカルパスを見いだすとともに、必要工事期間の精査を行いたい	(53)	(57)

〔設問 1〕

【品質管理手法】の空欄 (50) ～ (53) に当てはまる名称として、もっとも適切なものを選択肢から選びなさい。

＜(50)～(53)の選択肢＞

- ア．親和図法
- イ．管理図
- ウ．アローダイヤグラム法
- エ．マトリックス図法
- オ．レーダーチャート
- カ．系統図法
- キ．散布図
- ク．パレート図

〔設問 2〕

【品質管理手法】の空欄 (54) ～ (57) に当てはまる概略図として、もっとも適切なものを選択肢から選びなさい。

＜(54)～(57)の選択肢＞

ア.

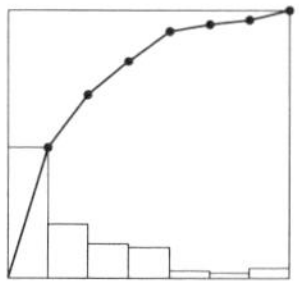

イ.

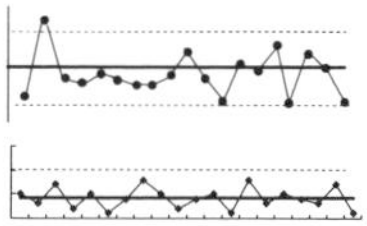

ウ.

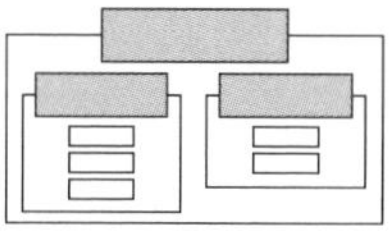

エ.

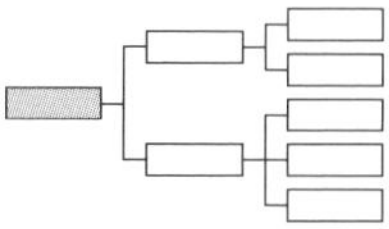

オ.

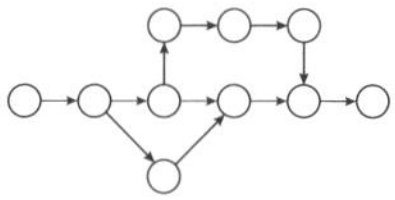

カ.

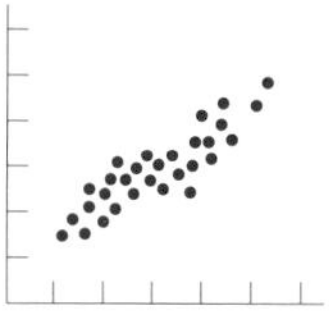

キ.

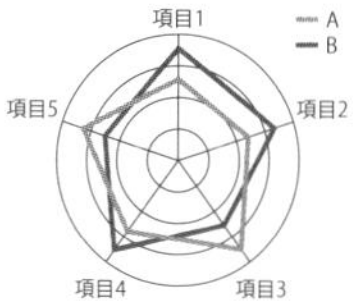

ク.

	I	II	III	IV
a		△		
b		○	◎	○
c	◎			

解答と解説 QC手法・新QC手法

解答

設問1				設問2			
(50)	(51)	(52)	(53)	(54)	(55)	(56)	(57)
キ	イ	ア	ウ	カ	イ	ウ	オ

解説

QC（品質管理）手法のQC七つ道具と新QC七つ道具について説明します。

① QC七つ道具

QC手法の七つ道具（Q7）は、いわゆる弁慶の七つ道具になぞられて命名されています。この七つ道具は現場で広く使われ、問題の解析や管理に活用され、品質の維持、改善のための有効な道具になっています。

七つ道具には、グラフ、パレート図、特性要因図、チェックシート、ヒストグラム、層別、散布図、管理図があり、このうちグラフと管理図をひとつにまとめたり、または層別を含めないで七つと称しています。

課題でとりあげられている散布図、管理図をつぎに説明します。

●散布図（scatter diagram）

1種類のデータについては、度数分布などで分布のだいたいの姿をつかむことができますが、対になった1組のデータ（体重と身長など）の関係・状態をつかむには、散布図を用います**（図・7）**。たとえば、温度と歩留まりや、加工前の寸法と加工後の寸法の間にどのような関係があるかという、この関係を相関といいます。相関には正相関と負相関があります。

問題

解答と解説

ワンポイント

図・7　散布図

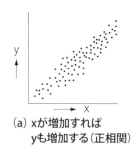 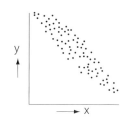

(a) xが増加すれば
　　yも増加する（正相関）

(b) xが増加すれば
　　yは減少する（負相関）

●管理図

　管理図とは、工程が安定した状態にあるかどうかを調べるため、または工程を安定した状態に保つための管理限界線の入った折れ線グラフをいいます。管理図には計数値（人の数、故障発生件数など）と計量値（長さ、重さ、時間、温度などの連続した値）の管理図があります。

　・$\bar{X}$-R（エックスバー・アール）管理図

　$\bar{X}$ 管理図と R 管理図を組み合わせたものです **(図・8)**。$\bar{X}$ 管理図は主として分布の平均値の変化を見るために用い、R 管理図は分布の幅や各群内のバラツキの変化を見るために用いられます。$\bar{X}$-R 管理図は、工程の特性が長さ、重量、強度、純度、時間、生産量などのような計量値の場合に用いられます。

図・8　$\bar{X}$-R 管理図

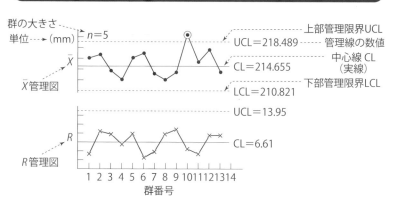

群の大きさ
単位 ── (mm)　$n=5$

$\bar{X}$

$\bar{X}$ 管理図

R

R 管理図

上部管理限界UCL
UCL=218.489 ── 管理線の数値
CL=214.655 ── 中心線 CL（実線）
下部管理限界LCL
LCL=210.821

UCL=13.95
CL=6.61

1 2 3 4 5 6 7 8 9 10 11 12 13 14
群番号

② 新QC手法

　新QC七つ道具（N7）は、QC七つ道具だけでは十分といえない問題やデータを取り扱うときに有効な手法です。QC七つ道具は主に数値データを対象としていますが、この新QC七つ道具は主に言語データを取り扱うことを目的として開発されました。新QC七つ道具は、親和図法、連関図法、系統図法、マトリックス図法、アローダイアグラム法、PDPC法（Process Decision Program Chart）、マトリックス・データ解析法の七つの手法で構成されています。このうち、マトリックス・データ解析法は数値データを対象とします。

　課題でとりあげられている親和図法、アローダイアグラムをつぎに説明します。

●親和図法

　親和図法とは、現在起きている複雑な問題に加えて、未知、未経験の分野、あるいは未来・将来の問題など、ハッキリしない中から、事実あるいは予測、推定、発想、意見などを言語データでとらえ、それらの言語データを親和性によって統合し、問題の構造やあるべき姿を明らかにする手法です。親和図法は、アイデアを生む方法論として考案されたKJ法を起源としています。

　親和図法の概念図を**図・9**に示します。

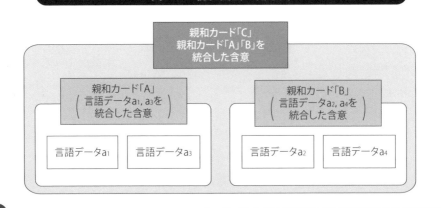

図・9　親和図法の概念図

問題

解答と解説

ワンポイント

●アローダイアグラム法

　アローダイアグラム（矢線図）はパート（PERT）で用いる日程計画図です。

　複雑な関係を持つ作業工程や、工事計画などのプロジェクトにおける作業を矢印（アロー）、その作業時間をアローの線の長さで、作業の着手または終了を丸印（ノード、イベント）で表し、作業の構成と時間的相互関係を示すネットワーク図です**（図・10）**。

　アローダイアグラム法とは、この図を用いて、生産の開始から終了に至るまでにもっとも時間を要する経路（クリティカルパス）を見出し、必要工事期間の算定を行ったり、ネットワーク技法を活用して時間節約の可能性を検討するなどの管理を行う方法です。

図・10　アローダイアグラム

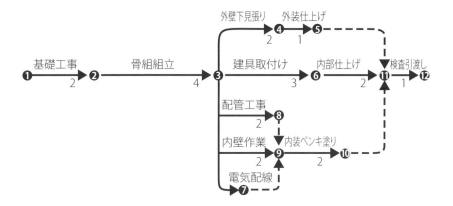

問題

・・

【ある工場の梱包ラインに関するデータ】【オペレーションリスト】を見て、次の各設問に解答しなさい。

【ある工場の梱包ラインに関するデータ】

必要な生産量（計画生産数）	2,337個／日
良品率	95％
就業時間	480分／日
ラインの不稼動時間	朝礼:10分、清掃:15分、休憩（昼食含む）:45分

【オペレーションリスト】

工程名	作業名	時間値（秒/回）	頻度（回/サイクル）
A工程	1. 完成品をケースに入れる	5.2	1
B工程	2. 説明書をケースに入れる	7.3	1
C工程	3. ケースのふたをしめる	3.5	1
	4. ケースにテープを貼る	3.5	1
D工程	5. ケースをパレットに入れる（4ケ）	16.0	1/4
	6. パレットに伝票を入れる	12.0	1/4
E工程	7. パレットを台車に載せる	12.0	1/4
	8. 台車を倉庫に運ぶ（5ケ）	64.0	1/20

〔設問1〕

ピッチタイム（目標サイクルタイム）として、もっとも近いものを選択肢から選びなさい。 ⑱

＜㊸の選択肢＞

ア．10.0 秒　　　　　　イ．10.5 秒　　　　　　ウ．11.7 秒

エ．12.3 秒

〔**設問 2**〕

　ピッチタイム（目標サイクルタイム）を入れる前のピッチダイアグラム
として、もっとも適切なものを選択肢から選びなさい。　　　㊹

＜㊹の選択肢＞

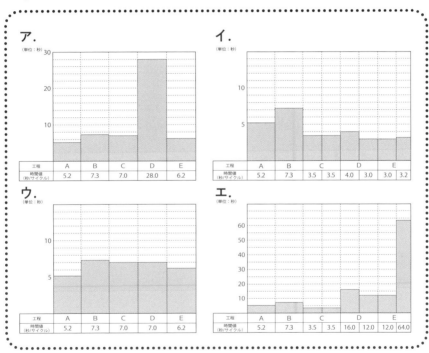

73

〔**設問 3**〕

ピッチタイム（目標サイクルタイム）を基準にした場合の編成効率とし
て、もっとも近いものを選択肢から選びなさい。　　　　　　　　　⑩

＜⑩の選択肢＞

> ア．38.9%　　　　　　　イ．40.9%　　　　　　ウ．53.2%
> エ．65.4%

〔**設問 4**〕

編成効率の数値が上がる変更例として、もっとも適切なものを選択肢か
ら選びなさい。　　　　　　　　　　　　　　　　　　　　　　　⑪

＜⑪の選択肢＞

> ア．必要な生産量（計画生産数）を、2,200個／日に縮小する
>
> イ．ピッチタイム（目標サイクルタイム）を、0.5秒短縮する
>
> ウ．30分／日の残業を行い、ラインの稼動時間を増やす
>
> エ．ケースの中身を表示するため、シールを貼る工程（3.5秒／回）
> を追加する

解答と解説　作業改善のための IE

解答

設問1	設問2	設問3	設問4
⑤⑧	⑤⑨	⑥⓪	⑥①
ア	ウ	エ	イ

解 説

　この課題にある梱包ラインのデータとオペレーションリストを次のように
にまとめました。

表・8　ある工場の梱包ラインに関するデータ

必要な生産量（計画生産数）	2,337個／日
良品率	95.0%（不良率　100－95.0＝5.0%）
就業時間	480分／日
ラインの不稼働時間	朝礼:10分、清掃:15分、休憩（昼食含む）:45分　計70分

表・9　オペレーションリスト

工程名	作業名	時間値（秒／回）	頻度（回／サイクル）	秒／サイクル	
A工程	1. 完成品をケースに入れる	5.2	1/1		5.2
B工程	2. 説明書をケースに入れる	7.3	1/1		7.3
C工程	3. ケースのふたをしめる	3.5	1/1	3.5	7.0
	4. ケースにテープを貼る	3.5	1/1	3.5	
D工程	5. ケースをパレットに入れる（4ケース／パレット）	16.0	1/4	4.0	7.0
	6. パレットに伝票を入れる	12.0	1/4	3.0	
E工程	7. パレットを台車にのせる	12.0	1/4	3.0	6.2
	8. 台車を倉庫に運ぶ（5パレット／1台車）	64.0	1/20	3.2	
＜説明＞	時間値（秒/回）×頻度（回/サイクル）＝秒/サイクル			合計	32.7

〔設問 1〕

【ピッチタイムの計算】

$$P = \frac{T(1-\alpha)}{N} = \frac{(480-70) \times 60\,秒/分 \times (1-0.05)}{2,337} = 10.0\,（秒）$$

P：ピッチタイム、N：計画生産数、T：1日の稼働時間、α：不良率

〔設問 2〕

【ピッチダイヤグラムの作成】

　オペレーションリストから、A～E工程ごとのサイクルタイムを表しているピッチダイアグラムは、"ウ"である。

〔設問 3〕

【編成効率】

$$編成効率（\%）= \frac{各工程の作業時間の合計}{ピッチタイム \times 工程数}$$

$$= \frac{5.2 + 7.3 + 7.0 + 7.0 + 6.2}{10.0 \times 5} \times 100$$

$$= \frac{32.7}{50.0} \times 100 = 65.4\,（\%）$$

〔設問 4〕

　編成効率の式より、分母が小さくなり編成効率の数値が上がるのは、"イ"である。

One Point

ント

編成効率はラインバランス効率ともいいます。この編成効率が75％以下になると、流れ作業をとった意味がありません。90％以上を目標にして、各工程での作業の所要時間ができるだけ等しくなるようなラインをつくっていくことが大切です。

バランスロス率はラインバランスの悪さの割合を示し、次のようにして求めます。

バランスロス率 = 100 −編成効率（ラインバランス効率）〔％〕

したがって、各工程の作業時間がみな等しいときには、この値は0となります。一般的にバランスロスは、5〜15％以下にしたいといわれています。

ワンポイント・アドバイス2

生産ラインの余裕率を考慮したときのピッチタイムは、次の式で求めます。

$$P = \frac{T(1-\alpha)(1-y)}{N}$$

P：ピッチタイム、N：計画生産数、T：1日の稼動時間、
α：不良率、y：余裕率

たとえば、1日の稼動時間（拘束時間8時間、昼休み1時間、午前午後の休息時間各10分）400分、計画生産数を500個、不良率を2％、ライン余裕率7％とすると、

$$P = \frac{T(1-\alpha)(1-y)}{N} = \frac{400 \times 60 \times (1-0.02) \times (1-0.07)}{500}$$

$$= \frac{400 \times 60 \times 0.98 \times 0.93}{500} = 43 \text{（秒）}$$

●ひと口メモ●

　自主保全士の検定試験は 2001 年から実施されています。1 級の実技試験で、グラフの問題として、過去どんな問題が出されたのかを、見てみましょう。

年度	グラフの作成問題
2001	1 級の検定試験なし
2002	なし
2003	管理図
2004	なし
2005	パレート図
2006	パレート図
2007	【選択】 ヒストグラムまたはピッチダイアグラム
2008	パレート図
2009	管理図
2010	パレート図
2011	ヒストグラム
2012	管理図 ラインバランス分析（ピッチダイアグラム）
2013	パレート図
2014	管理図
2015	なし
2016	パレート図
2017	ヒストグラム
2018	管理図
2019	ラインバランス分析、ピッチダイアグラム
2020	ラインバランス分析、ピッチダイアグラム
2021	ラインバランス分析、ピッチダイアグラム
2022	なし
2023	ラインバランス分析、ピッチダイアグラム

　過去出題された回数が多い順に、パレート図（6 回）、ピッチダイアグラム（6 回）、管理図（5 回）、ヒストグラム（3 回）、となります。
　特に注目するのが、2019 年、2020 年、2021 年と 3 年続いたあと 2023 年に出題された「ラインバランス分析、ピッチダイアグラム」です。

<参考文献>
「IE 基礎要論」（甲斐章人、税務経理協会）
「コストダウンのための IE 入門」（岩坪友義、日経文庫）

駆動・伝達

問題

【駆動・伝達系統の基本構成の例】【機器の名称、機能】を見て、次の設問に解答しなさい。

【駆動・伝達系統の基本構成の例】

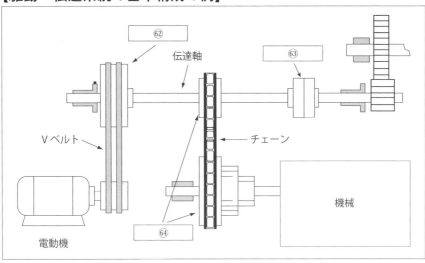

伝達軸

Vベルト

チェーン

機械

電動機

【機器の名称・機能】

機器の名称	機能
⑥	Vベルトを使用して動力を伝達する
⑥	伝達軸を連結する
⑥	チェーンを使用して動力を伝達する
電動機	電気エネルギーを ⑥ エネルギーに変換する
Vベルト	くさび効果による ⑥ 力で回転エネルギーを伝達する
チェーン	大きな動力を ⑥ がなく伝達できる

〔設問1〕

空欄 62 〜 67 に当てはまる語句として、もっとも適切なものを選択肢から選びなさい。

＜⑥②〜⑥⑦の選択肢＞

- ア．すべり
- イ．プーリー
- ウ．遠心
- エ．ガスケット
- オ．機械
- カ．摩擦
- キ．アクチュエーター
- ク．熱
- ケ．軸継手
- コ．スプロケット
- サ．軸受
- シ．騒音

【Vベルトの保全ポイント】を見て、次の設問に解答しなさい。

【Vベルトの保全ポイント】

- ・ 68 場所に保管する
- ・多本掛けのベルトのうち、1本のベルトが摩耗している場合は、 69 を交換する
- ・多本掛けのベルトのテンションは、 70 になるように調整する

〔設問2〕

空欄 68 〜 70 に当てはまる語句として、もっとも適切なものを選択肢から選びなさい。

問題

解答と解説

ワンポイント

<⑥⑧〜⑦⓪の選択肢>

ア．常温で乾燥した　　　　イ．日光の当たる

ウ．すべてのベルト　　　　エ．摩耗した１本のベルトのみ

オ．それぞれ均等

カ．電動機に近い方を強めに、遠い方は弱め

キ．湿度の高い

ク．電動機に近い方を弱めに、遠い方は強め

ケ．グリース

解答

設問1						設問2		
㉖	㉖	㉖	㉖	㉖	㉖	㉖	㉖	㉘
62	63	64	65	66	67	68	69	70
イ	ケ	コ	オ	カ	ア	ア	ウ	オ

解 説

　駆動とは、動力を与えて動かすことをいい、設備・機械における仕事は、動力を原動力から主軸に、主軸からほかの軸を経由して作業位置まで伝達して、はじめて達成できます。生産設備が高速度化・高精度化へと進化するほど、動力（トルク）を伝達する役割を持つ軸関係部品の取扱いや保全は大切な要点となります。

　図・11 に駆動・伝達系統のフローチャートとシステム図を示します。また、おもな機器の機能とチェックポイントを**表・10**に示します。

図・11　駆動・伝達系統のフローチャートとシステム図

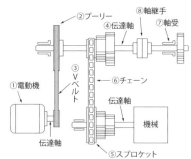

表・10　駆動・伝達系統の機能・チェックポイント

No.	名　称	機　能	チェックポイント
①	電動機	電気エネルギーを回転エネルギーに変換する	過熱、異音、振動、異臭
②	プーリー	回転エネルギーの伝達	きず、芯ズレ、摩耗
③	Vベルト	回転エネルギーの伝達	油汚れ、芯ズレ、安全カバーの取付け状態、摩耗、劣化、ヒビ・亀裂、伸び
④	伝達軸	回転エネルギーの伝達	曲がり、ガタ、偏心、キーのはめ合い、固定ボルトのゆるみ、振動、異音
⑤	スプロケット	所定の回転数に減・増速する	取付けのガタ、異音、異臭、摩耗、過熱、キーみぞの摩耗、振動、油量
⑥	チェーン	回転エネルギーの伝達	伸び、芯ズレ、摩耗、安全カバーの取付け状態、油切れ
⑦	軸受	伝達軸を支える	発熱、偏心、油切れ、ガタ、振動、異音、異臭
⑧	軸継手	伝達軸の連結	芯ズレ、給油、ガタ、安全カバー

駆動・伝達機器の機能、特徴と点検のポイントを次に説明します。

①電動機

(1) 機　能

電動機は、電気のエネルギー（磁気作用）を運動エネルギーに変換する機器です。回転力を発生させることによって、さまざまな機械的エネルギー源として利用されています。

電動機の基本構造は、回転する部分（回転子）と固定部（固定子）から成り立っています。用途に応じて、減速機やインバーター制御などの駆動システムと組み合わせて、トルクや速度を調整・制御して使われています。

(2)　点検のポイント

電動機にはさまざまな種類がありますが、日常保全のポイントは基本的には同じです。

① 湿気や水分からの保護

　湿気や水分は、絶縁物の劣化や回転部の腐食を引き起こします。絶縁物が劣化すると電動機内や配線部で電気導通が起こり、短絡や漏電などの事故につながります。

　そこで、水気のあるところや湿度の高い環境の中で使用する場合は、水から保護できる形式の電動機を使うか、電動機に水気がかからないようにします。

② 温度管理

　電動機の巻線は、電気が短絡したり外部に漏れないように絶縁物で被覆されています。しかし、この絶縁物は温度が上昇すると熱劣化を起こします。

　一方、電動機に電流を流すと、巻線には抵抗があるために発熱します。また、電動機に負荷をかけると、その負荷に応じたトルクを発生します。発生トルクを増加させるためには大きな電流を流すことになり、ジュールの法則から巻線の温度が上がります。温度が上がりすぎたり、高い負荷を繰り返し電動機にかけたりすると、電動機内部の絶縁物の温度が上昇して熱劣化が進行し、ついには絶縁が壊れて短絡したり、故障を起こしたりします。

　そこで、電動機を運転する際には、流してよい電流、かけてよい電圧、上がっても影響がない温度などが決められています。これらの守るべき数値は、電動機についている銘盤に記載されており、この数値を「定格」といいます。決められた使用条件を守って運転操作することが大切です。

②プーリー

(1) 機能と特徴

　Ｖベルトを掛ける車を、普通はプーリー（Ｖプーリー）と呼びます。材質は、一般に鋳鉄が使われていますが、高速回転の場合には鋼製のものを使用し、バランスを取って使用します。

　プーリーにはＶベルトが入るように、みぞが設けてあります。みぞの

角度はプーリーの直径によって異なります。直径が小さいものは 34°、大きいものは 38° になっています。

　また、V ベルトはベルト側面の摩擦力で回転や運動を伝えるため、プーリーのみぞは精密かつ平滑に仕上げてあります。また、V ベルトがプーリーのみぞ底に当たると側面で十分な摩擦力が得られないため、ベルトとみぞの底面が接触しないように数 mm のすき間ができるようになっています。

(2)　点検のポイント

　V ベルトのトラブルを未然に防止するためには、プーリーの点検は重要なポイントです。

① プーリーみぞの油の付着はベルトの膨潤やスリップの原因となる

② プーリーみぞの錆やダストの付着はベルトの摩耗が生じる原因となる

③ プーリーみぞの表面粗度が粗い場合もベルトの摩耗を促進する

④ プーリーみぞの摩耗は伝達能力を低下させるので、一般的には伝動片面で 0.8mm 以上の摩耗があれば取り替える

⑤ プーリーの材料は均一な材質でバランスの良いものを使用する

⑥ 垂直軸運転やひねり掛け運転などでは、V ベルトの脱落を防止するために深みぞ装置プーリーを使用する

③ V ベルト

(1) 機能と特徴

V ベルトは、主として平行 2 軸間に平行掛け
で回転を伝動するときにだけ用いられます。

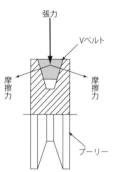

図・12　V ベルトの摩擦力

① 台形断面のベルトの側面が、プーリーのみ
ぞの両側面に密着して大きな摩擦力を生じる
ので（図・12）、軸間距離の比較的短い場合
に利用される（5m 以下）
② ゴム製なので運転も静かで、衝撃を吸収す
る作用がある
③ 比較的小さな張力で大きな動力を伝達でき
る。必要に応じて、ベルト本数を増やして使用できる
④ 早くから JIS 規格化され、安くて入手しやすく、また互換性にも富ん
でいる
⑤ 潤滑の必要がないので装置が簡単で、取扱い・保守がやさしい
⑥ 摩擦伝動のため、若干のすべりが発生する

などの特徴があり、寿命が長く場所もとらないのでさまざまな機械に使
われています。

(2)　点検のポイント

① 2 本以上掛ける場合は均等に張る。古い V ベルトは伸びているので、
新しいベルトと一緒に使わない（多本掛けのベルト交換時は、全部交換
する）
② プーリーのみぞの摩耗に注意すること。そのポイントは、プーリーの
みぞの上端と、V ベルトの上面はほぼ一致しているものである。V ベル
トがかなり沈んでいるのは、みぞが摩耗している証拠である。とくに、
みぞの底が摩耗して光っているものは、間違いなくスリップする

③ V ベルトの材料は合成ゴムが多く使われているが、長期間保管しておくと劣化する。メーカーは一応 2 ～ 3 年を限度としているが、経験的には 5 年間をメドにする

＜ベルト外観からの点検＞

・ベルトと底面の亀裂はないか

・ベルトの側面に亀裂はないか

・ベルトの側面のカバー布が摩耗してないか

・ベルトがひっくり返って（転覆して）いないか

図・13 に V ベルトのおもな外観上の損傷を示す。

図・13　V ベルトのおもな外観上の損傷

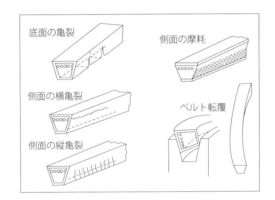

④スプロケット

(1) 機　能

スプロケットは、モーターなどの駆動力を効率良くチェーンに伝える歯車状の機械要素です。チェーンとスプロケットがかみ合うことで、駆動力が伝動されます。

(2) 点検のポイント

① スプロケットの心出しを行い、2 軸が正確に平行であること

② 適正な軸間距離をとること

③ 歯先の摩耗、歯先から歯底間の摩耗

④ スプロケットの外観（汚れ、腐食、キズなど）

⑤チェーン

（1）機能と特徴

　離れた2軸に動力や運動を確実に伝えるために、スプロケットと呼ばれる歯付き車と組み合わせて用いる特別な構造の鎖（チェーン）です。

　広く多方面で実用されているチェーンとしてローラーチェーンがあります。チェーン伝動は、ベルトやロープ伝動のように摩擦を利用しないので、すべりがなく速度比が一定で、強力な動力の伝動が可能です。

　チェーン伝動装置の特徴は、次のとおりです。

① すべりがなく正確な回転・速度比が得られる

② 軸間距離や軸の配置、数量が自由に選択できる

③ 伝動効率がよく、大きな動力を伝達できる

④ 耐熱・耐油・耐湿性がよい

⑤ 初期張力を必要としないので軸受の摩擦が少ない

　ローラーチェーンの基本的な構造は、まゆ形をした内リンクと外リンクを交互に組み合わせてつないだものです（**図・14**）。

　内リンクは、2枚の内プレートに2個のブシュが圧入され、その外側にローラーが回転できるように取り付けられています（**図・15**）。また外リンクは、2枚の外プレートに2本のピンが圧入されています（**図・16**）。なお、ピンの一端はリベットか、割りピンで止められています。

　これらの部品は、疲労強度や耐摩耗性が要求されるため、高炭素鋼が使われ熱処理されています。

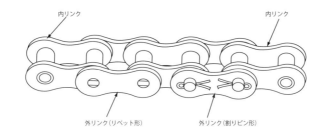

図・14　ローラーチェーン

内リンク　　　　　　　　　　　　　　　　　　内リンク

外リンク（リベット形）　　　　外リンク（割リピン形）

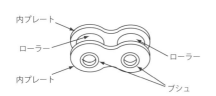

図・15　内リンク

内プレート
ローラー
内プレート
ローラー
ブシュ

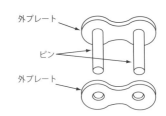

図・16　外リンク

外プレート
ピン
外プレート

（2）点検のポイント

① 潤滑油による給油（ピンとブシュ間、ブシュとローラー間）

② チェーンに適当なゆるみを持たせる（ベルト伝動のように初期張力を
　与えない）

③ 異常な騒音の有無

④ チェーン振動の有無

⑤ チェーンの外観（汚れ、腐食、キズ、割れ　など）

⑥軸　受

　軸受は、回転運動する軸を支える装置です。軸受にはタービン、内燃機
関、圧延機、大型ブロワ、大型電動機などの重荷重のかかる機器に使用さ
れるすべり軸受と、一般的な機器に使われているころがり軸受があります。
ここでは、ころがり軸受を説明します。

（1）ころがり軸受の機能と特徴

① ラジアル荷重とスラスト荷重（図・17）を、1個の軸受で受けること
  ができる（円筒ころ軸受とスラスト軸受の一部を除く）
② 摩擦が少なく、とくに起動摩擦が低い
③ 軸受の寿命は、繰返し応力による疲れがもとになる
④ 一般のすべり軸受と比べて、摩耗などが少ない
⑤ 寸法および精度が標準化されていて、簡単に入手できる

図・17　ラジアル軸受とスラスト軸受の比較

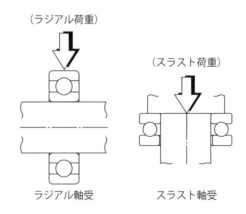

（ラジアル荷重）

（スラスト荷重）

ラジアル軸受　　　　　スラスト軸受

　一般的なころがり軸受は、外輪および内輪と呼ばれる2つの軌道輪、数
個の転動体（玉またはころ）と保持器の計4つの部品で構成されていま
す（**図・18**）。

　ころがり軸受は、外輪と内輪との間に組み込まれている数個の転動体が
ころがり運動をする構造です。保持器は、転動体を部分的に囲い、転動体
が互いに接触しないよう一定の間隔を保たせる働きをします。

　ころがり軸受の転動体には、玉ところの2種類があります。ころには、
その形状によって、円筒ころ・棒状ころ・針状ころ・円すいころ・凸面こ
ろの5種類があります。玉を使ったものを玉軸受、ころを使ったものを
ころ軸受といいます。

図・18　ころがり軸受の構造と構成部品

深みぞ玉軸受

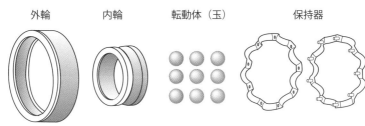

外輪　　　　内輪　　　　転動体（玉）　　　　保持器

（2）ころがり軸受の点検のポイント

　ころがり軸受は、転動体と軌道面が点・線接触であるため、摩擦抵抗が小さいことが特徴です。しかし、ころがり軸受といえども軸受内にすべり接触が発生し、完全に取り除くことはできません。そこで、軸受の潤滑が必要です。

　潤滑の目的は、軸受のころがり面およびすべり面に薄い油膜を形成して、金属面同士の直接接触を防ぐことにあります。

　その潤滑の効果は、次のとおりです。

① 摩擦・摩耗の低減

② 摩擦熱の放出

③ 錆止め

④ 潤滑面からの摩耗粉や異物の除去

⑤ 軸受寿命の延長

　軸受の潤滑法は、油潤滑とグリース潤滑に大別されます。

⑦軸継手

....

(1) 機　能

　軸はあらゆる機械設備に使用されている重要な機械要素部品で、一般に
プーリー、ギヤ、スプロケットなどと組み合わせて使用されます。軸継手
は、軸とモーター、減変速機、クラッチなどの機器をつなぐ場合に使用さ
れます。また長い伝動軸を、製作および運搬の制約からいくつかに分割し、
それらをつなぐときに使用されます。

(2) 点検のポイント

　つなぐ両軸の軸心が一致していることです。これによって軸継手の寿命
だけでなく、接続した機器の寿命が左右されます。精度が悪いと振動が発
生するので、十分精度の良い心合わせをする必要があります。

図面の見方

問題

【各工作物のまとめ】を見て、次の各設問に解答しなさい。

【各工作物のまとめ】

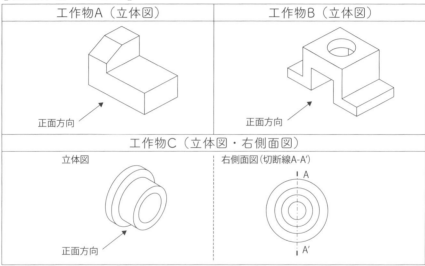

工作物A（立体図）	工作物B（立体図）
正面方向	正面方向

工作物C（立体図・右側面図）

立体図　　正面方向

右側面図（切断線A-A'）

A

A'

〔設問1〕

工作物 A の右側面図として、もっとも適切なものを選択肢から選びなさい。

⑺

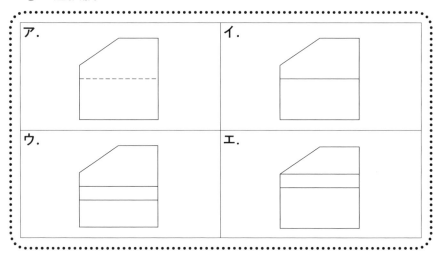

〔設問 2〕

工作物 B の平面図として、もっとも適切なものを選択肢から選びなさい。

⑦

＜⑦の選択肢＞

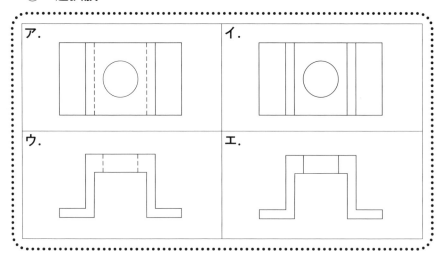

〔**設問 3**〕

工作物 C の断面図として、もっとも適切なものを選択肢から選びなさい。

⑦

<**⑦の選択肢**>

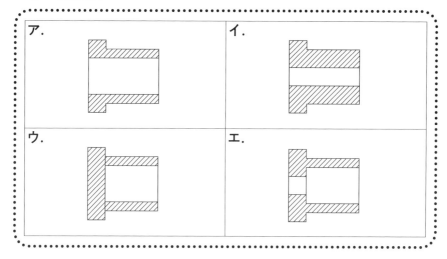

ア.　イ.　ウ.　エ.

（次ページへ続く）

【図面における表示例と説明】を見て、次の設問に解答しなさい。

【図面における表示例と説明】

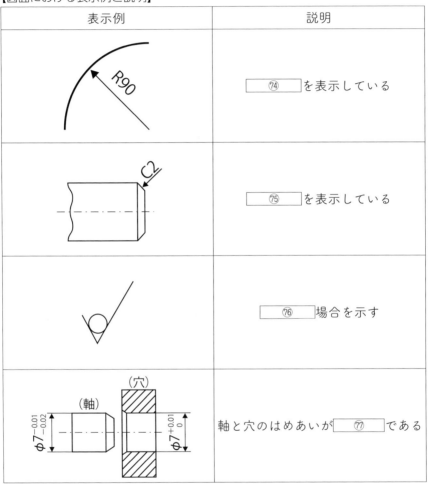

表示例	説明
R90	⑭ を表示している
C2	⑮ を表示している
✓	⑯ 場合を示す
(軸) (穴) φ7⁻⁰·⁰¹₋₀.₀₂ φ7⁺⁰·⁰¹₀	軸と穴のはめあいが ⑰ である

〔**設問 4**〕

空欄 ⑭ ～ ⑰ に当てはまる語句として、もっとも適切なものを選択肢から選びなさい。

<⑭～⑰の選択肢>

ア．穴あけ加工をする　　イ．しまりばめ　　ウ．半径の長さ

エ．板の厚さ　　　　　　オ．すきまばめ　　カ．角度の大きさ

キ．除去加工をしない　　ク．面取りの寸法

解答と解説　図面の見方

解答

設問1	設問2	設問3	設問4			
(71)	(72)	(73)	(74)	(75)	(76)	(77)
イ	ア	エ	ウ	ク	キ	オ

解説

〔設問1〕〔設問2〕

①正投影図

品物を図形で正確に表すには、正投影法を用います。1つの投影面では不完全なため、投影面を設定して正投影による図形を描きます。

これらを組み合わせて、品物を平面上に正確に図示します。これが正投影図です。視点と品物との間に透明な投影面を品物に平行に置き、投影面に垂直な方向から見て、そこに見える品物の形を図示します。

品物を図面で正確に描き表すには、以下のように3方向で描くのが一般的です。

① 正面図（front view）
② 平面図（top view）
③ 側面図（side view）

以上のように、ある品物の形を表すためには、いくつかの投影面が必要です。**図・19** に示すような描き方を第三角法と呼び、一般的に多く使用されています。

図・19　投影図の配置図（立体モデル）

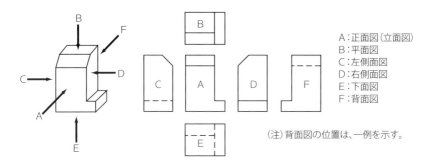

A：正面図（立面図）
B：平面図
C：左側面図
D：右側面図
E：下面図
F：背面図

（注）背面図の位置は、一例を示す。

〔設問 3〕

　図・20 の工作物 C（立体図・右側面図）のグレーに色を付けたリングの中に、もう一つの円があります。その円になっているのが、断面図 エ. にある小さい丸穴になります。

図・20　工作物 C

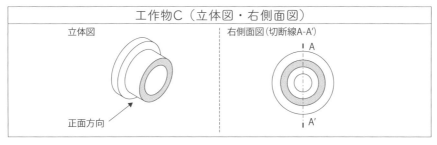

工作物C（立体図・右側面図）

立体図

正面方向

右側面図（切断線A-A'）

A

A'

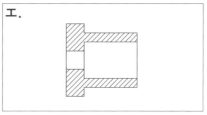

エ.

②寸法補助記号

・・

　図面では、寸法数値とともに記号を併記することで、図形の理解を図るとともに、図面あるいは説明の省略を図っています。このような記号を寸法補助記号といい、下記の図表に示すものが規定されています。

表・11　寸法補助記号

区　分	記　号	呼び方	用　法
直径	⌀	ふぁい	直径の寸法の、寸法数値の前につける
半径	R	あーる	半径の寸法の、寸法数値の前につける
球の直径	$S\phi$	えすふぁい	球の直径の寸法の、寸法数値の前につける
球の半径	SR	えすあーる	球の半径の寸法の、寸法数値の前につける
正方形の辺	□	かく	正方形の一辺の寸法の、寸法数値の前につける
板の厚さ	t	てぃー	板の厚さの、寸法数値の前につける
円弧の長さ	⌒	えんこ	円弧の長さの寸法の、寸法数値の前につける
45°の面取り	C	しー	45°面取りの寸法の、寸法数値の前につける
参考寸法	(　)	かっこ	参考寸法の、寸法数値（寸法補助記号を含む）を囲む

③表面形状の図示記号

・・

　対象面の表面形状の要求事項を指示するには、図示記号が用いられます（**図・21**）。除去加工の要否を問わないときは（**a**）に示す基本図示記号が用いられ、除去加工をする場合は（**b**）が、除去加工をしない場合は（**c**）が用いられます。図示記号には、必要に応じて複数の表面性状パラメータを組み合わせて指示することができます（**図・22**）。

図・21　基本図示記号（JIS B 0031）

⒜　基本図示記号　　⒝　除去加工をする場合の　　⒞　除去加工をしない場合
　　　　　　　　　　　　図示記号　　　　　　　　　　　の図示記号

図・22　表面性状の要求事項の指示位置（JIS B 0031）

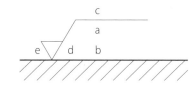

図・22 の指示位置 a 〜 e の内容は、次のとおりである。

位置 a：表面性状パラメータがひとつの場合

位置 b：2 番目の表面性状パラメータ

位置 c：加工方法、表面処理、塗装、加工プロセスに必要な事項

位置 d：表面の筋目とその方向

位置 e：削り代をミリメートル単位で指示

④はめあい

　穴と軸とをはめあわせるとき、穴の寸法が軸の寸法より大きいときの寸法の差を**すきま**（clearance）といい、穴の寸法が軸の寸法よりも小さいときの寸法差を**しめしろ**（interference）といいます（**図・23**）。

図・23　すきまとしめしろ

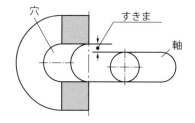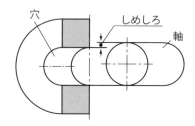

　① はめあいの種類
- **すきまばめ**（clearance fit）　常にすきまのできるはめあい（図・24(a)）。
- **しまりばめ**（interference fit）　常にしめしろのできるはめあい（図・24(b)）。
- **中間ばめ**（transtion fit）　穴と軸とが、それぞれ許容限界寸法内に仕上げられ、はめあわせるとき、その実寸法によってすきまができたり、しめしろができたりすることのあるはめあい（図・24(c)）。

　② すきまとしめしろ
- **最小すきま**➡すきまばめで、穴の最小許容寸法から軸の最大許容寸法を引いた値。
- **最大すきま**➡すきまばめまたは中間ばめで、穴の最大許容寸法から軸の最小許容寸法を引いた値。
- **最小しめしろ**➡しまりばめで、組立て前の軸の最小許容寸法から穴の最大許容寸法を引いた値。
- **最大しめしろ**➡しまりばめか中間ばめで、軸の最大許容寸法から穴の最小許容寸法を引いた値。

図・24　はめあい

(a)すきまばめ　　　　　　　(b)しまりばめ　　　　　　　(c)中間ばめ

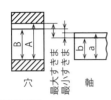

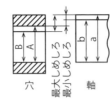

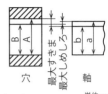

単位mm

ⓐすきまばめ
最大許容寸法A＝50.025、a＝49.975
最小許容寸法B＝50.000、b＝49.950
最大すきまA－b＝0.075
最小すきまB－a＝0.025

ⓑしまりばめ
最大許容寸法A＝50.025、a＝50.050
最小許容寸法B＝50.000、b＝50.034
最大しめしろa－B＝0.050
最小しめしろb－A＝0.009

ⓒ中間ばめ
最大許容寸法A＝50.025、a＝50.011
最小許容寸法B＝50.00、b＝49.995
最大しめしろa－B＝0.011
最大すきま　A－b＝0.030

＜参考文献＞

「図面の見方・描き方」四訂版（真部富男　著、工学図書）

「図面の新しい見方・読み方」改訂３版（桑田浩志・中里為成　共著、日本規格協会）

2023年度

自主保全士
検定試験

2級

実技試験問題

解答／解説

作業の安全・5S

問題

【工場内の作業風景】を見て、次の各設問に解答しなさい。

【工場内の作業風景】

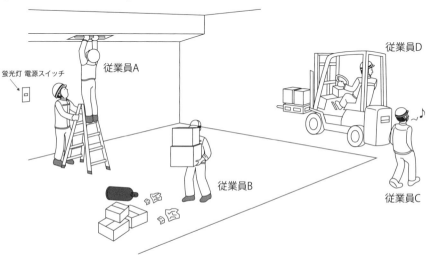

蛍光灯 電源スイッチ

従業員A

従業員B

従業員D

従業員C

・従業員Aのように蛍光灯の交換などの　　①　　を行う場合は、墜落制止用器具などの　　②　　を着用し、災害防止に努める。
　また、作業前に蛍光灯の電源スイッチを　　③　　にしておく必要がある。

・従業員Bは、足下のゴミに気づき転倒しなかったが、ゴミを除去し、　　④　　として報告することにした。

・従業員Cのように、ポケットに手を入れて歩いていることを不安全　　⑤　　という。

・従業員Cは、フォークリフトに激突される恐れがあるが、従業員Dとの声の掛け合い、通路横断前の　　⑥　　の実施、日頃から様々な事例を用いて　　⑦　　を行い安全意識を高めるなどの対策により、事故の

可能性を低減することができる。

〔設問 1〕

【工場内の作業風景】に関する記述について、空欄 ① ～ ⑦ に当てはまる語句として、もっとも適切なものを選択肢から選びなさい。

<①～⑦の選択肢>

ア．特殊工具　　　　イ．状態　　　　　ウ．OFF

エ．ヒヤリハット　　オ．フールプルーフ　カ．高所での作業

キ．ON　　　　　　ク．行動

ケ．感電の恐れがある作業

コ．指差呼称　　　サ．保護具　　　シ．KYT

ス．フェイルセーフ

〔設問 2〕

　作業場所にゴミが散乱していることを問題視して、5S ポスターを作成（掲示）することにした。

【5S 活動推進のポスター】の空欄　⑧　～　⑫　に当てはまる語句として、もっとも適切なものを選択肢から選びなさい。

【5S 活動推進のポスター】

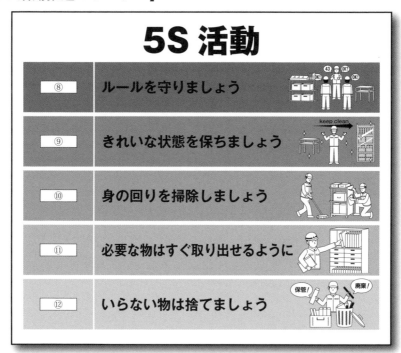

<⑧～⑫の選択肢>

ア．整備　　イ．清潔　　ウ．仕組み　　エ．整列　　オ．清掃

カ．整理　　キ．収納　　ク．整頓　　　ケ．診断　　コ．躾

解答と解説　作業の安全・5S

解答

設問1						
①	②	③	④	⑤	⑥	⑦
カ	サ	ウ	エ	ク	コ	シ

設問2				
⑧	⑨	⑩	⑪	⑫
コ	イ	オ	ク	カ

解 説

〔設問 1〕

18 〜 19 ページを参照ください。

日常の安全衛生活動において、「不安全な状態」と「不安全な行動」を
ゼロにする対策が大切です。

③ヒヤリハット

水たまりですべっても必ずケガをするというわけではなく、単にヒヤリ
としただけの無災害事故(ヒヤリ事故)もあります。このようなヒヤリハッ
トによる潜在危険を防ぐためには、ヒヤリハットを摘出することが重要で
す。

(1) ヒヤリハット提案制度

ヒヤリとしたり、ハッとしたりしたことを記録として残し、職場や作業
の安全確保に役立てるのがヒヤリハット提案制度です。これらのヒヤリ
ハットは安全上の貴重な情報なので、原因をよく把握して、同種のヒヤリ

ハットが再発しないようにすることが大切です。

（2）ヒヤリハット抽出のポイント

　ヒヤリとしたり、ハッとしたことは、どんな小さなことでもすべて取りあげて対策しないと、いつか大ケガにつながります。もしかしたら事故になるのではと想定されるヒヤリやハットも積極的に吸いあげ、危険予知活動の一部として推進しましょう。

④危険予知訓練（KYT）と危険予知活動（KYK）

（1）危険予知訓練（KYT）

　KYTとは危険予知トレーニングの頭文字で、危険予知能力を育成するプログラムです。中央労働災害防止協会がその有効性を認識し、KYT4ラウンド法として実施方法を確立しています。

　KYT4ラウンド法は名前のとおり、第1ラウンド（現状把握）、第2ラウンド（本質追究）、第3ラウンド（対策樹立）、第4ラウンド（目標設定）から構成され、KYTにより安全意識を高めることとともに、リーダーの育成にも活用されています**（図・1）**。

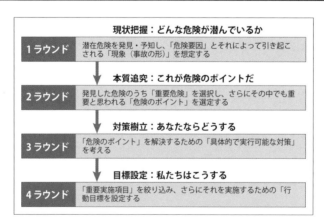

図・1　KYT4ラウンド法の進め方

	現状把握：どんな危険が潜んでいるか
1ラウンド	潜在危険を発見・予知し、「危険要因」とそれによって引き起こされる「現象（事故の形）」を想定する

	本質追究：これが危険のポイントだ
2ラウンド	発見した危険のうち「重要危険」を選択し、さらにその中でも重要と思われる「危険のポイント」を選定する

	対策樹立：あなたならどうする
3ラウンド	「危険のポイント」を解決するための「具体的で実行可能な対策」を考える

	目標設定：私たちはこうする
4ラウンド	「重要実施項目」を絞り込み、さらにそれを実施するための「行動目標」を設定する

（2）危険予知活動（KYK）

KYK とは危険予知活動の頭文字で、KYT の実践的活動です。

作業開始前に、現場・現物・現象（実）で、作業者個人またはグループにより、その作業で予測される危険要因を予知して、安全行動目標を決め、人的要因の災害を防止する活動です。現在、多くの企業で導入され、成果をあげています。

〔設問 2〕

① 5S の基本

5S（整理、整頓、清掃、清潔、躾）は、工場管理を推進するもっとも基本的な管理手法として確立され、今日にいたっています。5S は生産現場だけではなく、さまざまな管理制度を運用するための基盤になるものとして理解されはじめ、広い分野でその活用の場を広げてきています。

5S の実践には管理者の率先垂範が重要です。管理者自らが 5S に対して行動しなければ、5S は徹底できません。

② 5S のポイント

（1）整理

① 5S を実施するときに、「整理」と「整頓」を分けることが大切です。まず、整理を徹底します。整理を徹底することにより不要品を職場からなくします。不要品が存在すると必要なモノが見つけにくいからです。そして、整理が徹底できた段階で整頓を実施します。整頓を始めるためには、まず整理が実施され、職場に不要品がないことが必要条件となります。

②原則的には、半年以内に使用する予定がなければ、不要品と判断し捨てることを勧めます。もちろん、法律の制約で捨てられないモノ、高

価な設備であるため捨てられないモノなど例外もあります。

③一般的には、整理を"片付ける"程度の意味で理解していることがほとんどです。しかし、5Sにおける整理の実施には、価値判断が入ります。したがって、整理とは"片付ける"のではなく、"価値判断をする"ことだと考えるべきです。活用度・重要度・緊急度などにより価値判断を行い、保管（保存）するモノと廃棄するモノが決定され、置き場所などが設定されるのです。

（2）整頓

①整頓とは、「必要なモノがすぐに取り出せるように置き場所、置き方を決め、表示を確実に行う」という意味です。整頓は、いつでも必要なときに取り出せるように、モノを管理状態に保つための方法です。このような状態を確保するためには、使用したら必ず元の位置に戻すことを、職場の全員が実行する必要があります。

②職場の中に、置き場所が決まっていないモノはないということが整頓の重要な考え方です。もちろん例外がないわけではありませんが、原則としてすべてを設定するという心構えが大切です。

③資材や備品を保管する数量は、いくつ置いても良いというルールでは管理できません。保管すべき数量は、対象ごとに設定されるべきです。たとえば、最大数量、最小数量、発注点などを明確化することが基本原則です。また、これらはいずれも置き場所に表示しておかなければなりません。

④整頓では、どこに、何を、いくつ置くかという、「3定」を実行することが重要です。

　　定位（置）：定められた位置、場所の表示
　　定品：定められた品物、品目の表示
　　定量（数）：定められた量（数）の表示

(3) 清掃

①清掃は、ゴミや汚れを掃除によってなくすことが主ですが、同時に点検するということが含まれます。すなわち、「清掃とは、自分たちが使用しているものをきめ細かく管理して、常に最高の状態を維持していく・守っていく」という意味があります。

②「清掃は余計なこと」と考える人がいます。しかし清掃は、余計なことではなく仕事の一部であり、工程の１つと考えるべきです。

③汚れていれば清掃をするというだけでなく、つぎの３つの目的をもって改善すべきです。

　a. ゴミや汚れの発生源を突きとめて、ゴミや汚れが発生しないように改善する

　b. ゴミや汚れが飛散しないように改善する

　c. 清掃時間を短縮する

(4) 清潔

①清潔とは「3S（整理・整頓・清掃）を徹底して実行し、汚れのないキレイな状態を維持すること」です。整理・整頓・清掃を維持・管理するために大切なことは、まずルールをつくり、それを標準化することです。そして、標準化されたルールどおりに実践できているかどうかを目で見てわかるような管理体制をつくることです。

②清潔な状態を維持するためには、常に「現状の問題は何か」「改善すべき点は何か」を探り続け、改善を継続することが大切です。

③異常や危険な個所は、目で見てすぐわかるようにしておきましょう。さらに大切なことは、このような異常や危険な個所そのものを、改善してなくしていくことです。

(5) 躾（しつけ）

①企業での躾とは、幼児や正しい判断力のない児童を対象とした"しつ

け"ではなく、大人が対象です。十分に判断力やものの考え方を身に付けているハズの大人が対象なのです。一方的に押しつけるような躾の実行はむずかしいものです。よく理解・納得させるような工夫が必要となります。

②躾とは、「決められたことを、決められたとおりに実行できるよう習慣付けること」です。習慣付けるためには、繰り返し繰り返し実行することが必要となります。ある行為を何度も繰り返していると、その行為を無意識に実行してしまう状態にまでなるものです。このレベルまで到達すると習慣付いてきます。したがって、習慣付くまでには時間を必要とします。短時間での躾はむずかしいものです。

③最初は、上司が部下をしつけることが5Sの徹底につながってきます。しかし、それを卒業しなければ、躾としては本物ではありません。自分自身が5Sについて、理解し納得することにより、自分が自分をしつけるレベルまで実行できれば本物といえます。

TPM

問題

・・・・・・・・・・・・・・・・・・・・・・・・・・・・・・・・・・・・・

TPM に関する次の各設問に解答しなさい。

【TPM の定義】

・TPM は、次のように定義されている。

1. 生産システム効率化の極限追求（総合的効率化）をする ⑬ を目標にして、

2. 生産システムのライフサイクル全体を対象とした「災害ゼロ・不良ゼロ・故障ゼロ」などあらゆるロスを ⑭ する仕組みを現場・現物で構築し、

3. 生産部門をはじめ、開発、営業、管理などのあらゆる部門にわたって、

4. トップから第一線従業員に至るまで ⑮ し、

5. ⑯ により、ロス・ゼロを達成することをいう。

〔設問 1〕

【TPM の定義】の空欄 ⑬ ～ ⑯ に当てはまる語句として、もっとも適切なものを選択肢から選びなさい。

<⑬～⑯の選択肢>

```
ア．循環型社会          イ．企業体質づくり
ウ．未然防止            エ．重複小集団活動
オ．自己啓発            カ．分業体制を確立
キ．全員が参加          ク．単一組織活動
```

【TPM の 8 本柱】

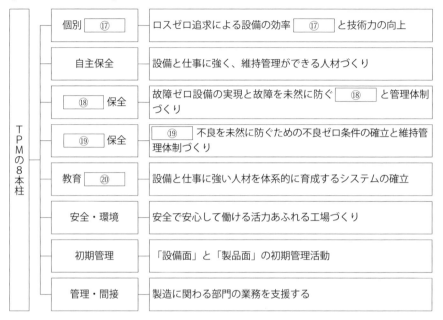

〔**設問 2**〕

【TPM の 8 本柱】の空欄 ⑰ ～ ⑳ に当てはまる語句として、もっとも適切なものを選択肢から選びなさい。

＜⑰～⑳の選択肢＞

ア．改善	イ．点検	ウ．標準	エ．専門
オ．計画	カ．納期	キ．品質	ク．訓練

解答と解説　TPM

解答

設問1				設問2			
⑬	⑭	⑮	⑯	⑰	⑱	⑲	⑳
イ	ウ	キ	エ	ア	オ	キ	ク

解説

① TPM の定義

TPM（Total Productive Maintenance）は次のように定義されています。

①生産システム効率化の極限追求（総合的効率化）をする企業体質づくりを目標にして、

②生産システムのライフサイクル全体を対象とした「災害ゼロ・不良ゼロ・故障ゼロ」などあらゆるロスを未然防止する仕組みを現場・現物で構築し、

③生産部門をはじめ、開発、営業、管理などのあらゆる部門にわたって、

④トップから第一線従業員に至るまで全員が参加し、

⑤重複小集団活動により、ロス・ゼロを達成すること

② TPM の 8 本柱

TPM の目標を効果的かつ効率よく達成するために、TPM 活動は 8 本柱によって活動を推進します。

(1) 個別改善

設備の効率化を阻害する要因としてもっとも大きいのは、①故障ロス、②段取り・調整ロス、③刃具交換ロス、④立上がりロス、⑤チョコ停ロス、

⑥速度ロス、⑦不良・手直しロスの７つです。TPM では、これらのロスを徹底的に改善して、設備の効率化を追求します。

　個別改善のレベルアップは、次のように進めます。

・自分たちの職場にどのようなロスがどれだけあるかを把握する

・上位方針に沿って、期間内にどれだけの課題を解決すべきかを決める

・課題を短期間で解決し、目標を達成する

　個別改善では、目標を達成するために、各サークルが「何を、いつまでに、どの程度にしなければならないか」を決められる力を身につける必要があります。１つひとつの改善テーマに取り組むことによって、要因分析力、改善実施能力、条件設定能力など、QC ストーリーにしたがって改善する力を身につけることが大切です。

（2）自主保全

　保全活動は、保全部門だけでは十分に成果をあげることはできません。機械の調子をもっともよく知り感じているのは、機械設備に接しているオペレーターです。自主保全活動では、オペレーターだからこそできる設備の状態（振動や異音、熱など）をチェックします。また、設備に関する項目を学習し、教育を受けて給油、増締め、簡単な修理などを行います。このような活動が自主保全であり、TPM の中でも非常に重要な活動です。

　自主保全活動で目指すのは、職場にあるさまざまな決めごとと職場環境の整備を通じて、維持管理が確実に実施できる体質をつくることです。同時に、決めごとを守りやすくする改善も実施していく必要があります。

　自主保全活動は７段階のステップ方式で活動を行います。

　第１〜第５ステップでは、設備管理に関わる自主保全基準の作成を行います。そこで身につけた維持・改善を継続して、第６ステップでは職場にあるほかの管理項目の標準化を進め、第７ステップの自主管理の徹底に結びつけます。

(3) 計画保全

　自主保全とともに重要なのが、保全部門が専門的に行う計画保全活動です。保全管理システムをつくり、高度な技術を駆使して設備の健康管理を行います。設備の保全体制を整備するためには、保全部門のレベルアップが不可欠です。

(4) 教育訓練

　TPM 活動を行ううえで基礎となるのは、「設備に強い人づくり」です。オペレーターが自主保全活動を行うためには、設備の構造や機能の知識、ある程度の保全技術が必要となります。

　仕事の中身を変えていくためには、業務に必要となる情報や技能を身につけなければなりません。問題解決をしていくために、知識・技能・解析技術などを積極的に教育・訓練する必要があります。

(5) 初期管理

　初期管理活動には、設備面と製品面の活動があります。

　設備面の活動では、おもに生産技術部門が、保全情報を設計にフィードバックして、信頼性の高い保全のしやすい設備、すなわち「生まれのよい設備」を開発・設計します。

　製品面での活動は、「つくりやすい製品設計」や「顧客満足度の高い製品づくり」などがあげられます。設備面と製品面の初期管理を行うには、コンカレント・エンジニアリング（業務を同時進行させ、開発期間や納期を短縮などの効率化を図る）手法などを活用すると効果的です。

(6) 品質保全

　工程で品質をつくり込み、設備で品質をつくり込み、品質不良を予防する活動が品質保全です。品質保全を実施するには、まず製品の品質特性を明らかにします。次に、4M（①人：Man、②機械：Machine、③材

料：Material、④方法：Method）の最適条件（不良ゼロの条件）を設定し、この条件を維持したうえで製品を製造します。このように品質保全活動は、原因系の条件管理の活動です。

（7）管理間接業務

製造に関わる部門に対して、管理間接部門はこれを支援する大事な部門です。管理間接部門の供給する情報の品質とスピードは、製造に関わる部門の業務やTPM活動に大きな影響を与えます。TPM活動では、管理間接部門も本来の機能を強化し、体質を強化する活動を行います。間接業務の効率化とともに、管理面のロスを明確にして、生産効率を低下させている原因を追究して対策をしていきます。

（8）安全・環境

安全・環境の活動は、組織的に推進することが重要です。なかでも、安全の維持、環境への影響排除などのために、危険予知訓練などを実施するのが効果的です。

設備の本質安全化に取り組むとともに、作業環境の整備などにも積極的に取り組まなければなりません。災害ゼロの達成はもちろん、困難作業・暑熱・騒音などの作業環境の改善も忘れてはいけません。

TPMの8本柱の活動をわかりやすく表したのが**図・2**です。「初期管理」は、活動内容の「製品・設備開発管理」として表現してあります。

図・2　TPM展開の8本柱

TPM

| 個別改善 | 自主保全 | 計画保全 | 製品・設備開発管理 | 品質保全 | 教育・訓練 | 管理・間接 | 安全・衛生と環境 |

【選択 A】
設備効率を阻害するロス（加工・組立）

問題

【7大ロスと設備総合効率の関係】を見て、次の設問に解答しなさい。

【7大ロスと設備総合効率の関係】

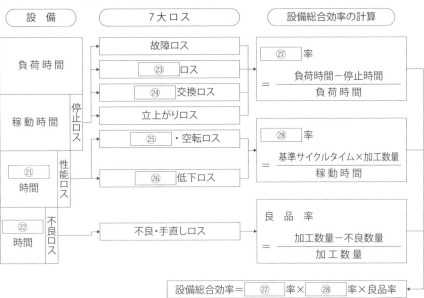

〔設問1〕

【7大ロスと設備総合効率の関係】の空欄 ㉑ ～ ㉘ に当てはまる語句として、もっとも適切なものを選択肢から選びなさい。

<②①〜②⑧の選択肢>

ア．チョコ停	イ．段取り・調整	ウ．刃具
エ．速度	オ．生産調整	カ．時間稼動
キ．性能稼動	ク．正味稼動	ケ．価値稼動
コ．初期稼動	サ．エネルギー	シ．余裕稼動

【選択 A】
解答と解説　設備効率を阻害するロス（加工・組立）

解答

㉑	㉒	㉓	㉔	㉕	㉖	㉗	㉘
ク	ケ	イ	ウ	ア	エ	カ	キ

解説

　設備の効率化を阻害するロス＝7大ロスと、操業度を阻害するロス、シャットダウン（SD）ロスと設備総合効率の計算の関係を表したのが、次の**図・3**です。

図・3　設備総合効率の求め方

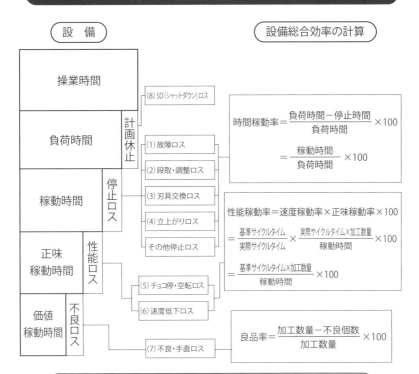

設備総合効率（％）＝時間稼動率×性能稼動率×良品率

①時間の説明

（1）操業時間

操業時間とは、1日または月間を通じて設備が稼働しうる時間です。

（2）負荷時間

負荷時間とは、1日または月間を通じて設備が稼働しなくてはならない時間です。すなわち、生産計画上の休止時間、保全のための休止時間、日常管理上に必要な朝礼、その他の休止時間などを操業可能な時間から差し引いた時間です。

（3）稼働時間

稼働時間とは、負荷時間から故障、段取り、刃具交換、その他の停止時間を差し引いたもので、実際に設備が稼働した時間です。

（4）正味稼働時間

正味稼働時間とは、一定スピードで正味稼働した時間で、稼働時間からチョコ停による停止、スピード低下によるロスを差し引いた時間です。

（5）価値稼働時間

価値稼働時間とは、正味稼働時間から不良品、手直し品に相当する時間を差し引いた時間です。実際に製品（良品）を作り出した時間です。

問題

解答と解説

ワンポイント

②設備の効率化を阻害するロス

設備の効率化を阻害するロスは、次の 3 つのグループに分けられます。

- 停止ロス ─┬─ ①故障ロス
　　　　　　├─ ②段取り・調整ロス
　　　　　　├─ ③刃具交換ロス
　　　　　　├─ ④立上がりロス
　　　　　　└─ 　その他停止ロス
- 性能ロス ─┬─ ⑤チョコ停・空転ロス
　　　　　　└─ ⑥速度低下ロス
- 不良ロス ─── ⑦不良・手直しロス

(1) 故障ロス

突発的・慢性的に発生している故障によるロスで、時間的ロス（出来高減）と物量ロス（不良発生）を伴うものです。

効率化を阻害している最大の要因となっているのが故障ロスです。

故障には、機能停止型故障と機能低下型故障があります。機能停止型故障とは突発的に発生する故障であり、機能低下型故障とは慢性的に発生し、設備の機能が本来の機能よりも落ちてくる故障です。いずれかの故障による生産できない時間を故障ロスと定義します。

(2) 段取り・調整ロス

段取り・調整ロスとは、現製品の生産終了時点から次の製品の切替え・調整を行い、完全な良品ができるまでの時間的ロスです。

(3) 刃具交換ロス

刃具の定期的交換、折損による一時的な交換に伴う時間的ロスと、交換の前後に発生する物量ロス（不良・手直し）です。

(4) 立上がりロス

立上がりロスとは、

・定修時のスタートアップ時

・休止後（長時間停止）のスタートアップ時

・休日後のスタートアップ時

・昼休み後のスタートアップ時

などに規定のサイクルタイムで運転しても、機械的なトラブル（チョコ停、小トラブル、刃具破損など）がなく、品質が安定し良品を生産できるまでの時間的ロスと、その間に発生する物量ロス（不良・手直し）です。

(5) チョコ停・空転ロス

チョコ停・空転ロスの定義は、次のとおりです。

・一時的な機能の停止を伴うもの

・機能の回復は簡単な処理（異常なワークの除去とリセット）でできるもの

・部品交換、修理は伴わないもの

・回復時間は2〜3秒から5分未満のもの

このように故障とは異なり、一時的なトラブルのため設備が停止、または空転している状態をいいます。

一般的には、この小さなトラブルにより設備の効率化が非常に阻害される場合が多く、とくに自動機、自動組立機、搬送設備に多く見られる現象です。チョコ停（空転）は処置が簡単なために見逃される傾向があります。

顕在化しにくい面が多く、顕在化していても定量化が困難なため、効率化にどの程度妨げになっているか、はっきりしない場合が多くあります。

チョコ停（空転）ロスを現象させるためには、現象をよく分析することと、微欠陥を徹底的に排除することが重要です。

（6）速度低下ロス

　速度低下ロスとは、設備の設計スピードに対して、実際に動いているスピードとの差から生じるロスです。たとえば、設計スピードで稼動すると、品質的・機械的トラブルが発生するのでスピードをダウンして稼動するという場合です。このスピードダウンによるロスが速度低下ロスです。

（7）不良・手直しロス

　不良・手直しによる物量的ロス（廃棄不良）と修正して良品とするための時間的ロスです。

③操業度を阻害するロス

　操業度を阻害する計画休止のロスです。具体的には、生産調整のための計画休止やシャットダウン（SD）ロスが該当します。SD ロスの定義は、設備の計画的保全を行うために設備を停止する時間的なロスと、その立上がりのために発生する物量ロスです。この SD ロスは、設備の特性上やむを得ないものであり、安全上・品質上・信頼性の維持の面から、設備による時間の長短はありますが、発生するものです。

One Point

　設備総合効率は、時間稼動率、性能稼動率（速度稼動率×正味稼動率）そして良品率の掛け算で求められます。ここで各計算式を並べて書いてまとめてみると、次のようなことが分かります。

$$\boxed{\text{設備総合効率の求め方}}$$

$\left(\text{設備総合効率の計算}\right)$

設備総合効率(%)＝時間稼動率×性能稼動率×良品率

$\qquad\qquad\qquad$＝時間稼動率×速度稼動率×正味稼動率×良品率

$$= \frac{\text{稼動時間}}{\text{負荷時間}} \times \frac{\text{基準サイクルタイム}}{\text{実際サイクルタイム}} \times \frac{\text{実際サイクルタイム×加工数量}}{\text{稼動時間}} \times \frac{\text{加工数量－不良個数}}{\text{加工数量}} \times 100$$

$$= \frac{\text{稼動時間}}{\text{負荷時間}} \times \frac{\text{基準サイクルタイム×加工数量}}{\text{稼動時間}} \times \frac{\text{加工数量－不良個数}}{\text{加工数量}} \times 100$$

$$= \frac{\text{基準サイクルタイム×（加工数量－不良個数）}}{\text{負荷時間}} \times 100 = \frac{\text{基準サイクルタイム×良品個数}}{\text{負荷時間}} \times 100$$

$$= \frac{\text{良品個数}}{\dfrac{\text{負荷時間}}{\text{基準サイクルタイム}}} \times 100 = \frac{\text{良品個数}}{\text{基準生産量}} \times 100$$

　つまり、停止ロス・性能ロス・不良ロスがない設備総合効率100%のとき、負荷時間をそのまま生産に使えたときに得られる良品の生産量（基準生産量とする）に対する、実際の良品個数との割合であるともいえます。

【選択 B】
プラント効率を阻害するロス（装置産業）

問題

・・・

【8 大ロスとプラント総合効率の関係】を見て、次の設問に解答しなさい。

【8 大ロスとプラント総合効率の関係】

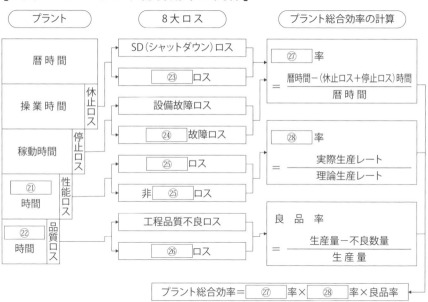

〔設問 1〕

【8 大ロスとプラント総合効率の関係】の空欄　㉑　～　㉘　に当てはまる語句として、もっとも適切なものを選択肢から選びなさい。

<㉑～㉘の選択肢＞

ア．定常時　　　　　イ．生産調整　　　　ウ．プロセス

エ．再加工　　　　　オ．段取り・調整　　カ．時間稼動

キ．性能稼動　　　　ク．正味稼動　　　　ケ．価値稼動

コ．初期稼動　　　　サ．エネルギー　　　シ．余裕稼動

【選択 B】解答と解説

プラント効率を阻害するロス（装置産業）

解答

㉑	㉒	㉓	㉔	㉕	㉖	㉗	㉘
ク	ケ	イ	ウ	ア	エ	カ	キ

解説

　プラントの効率を阻害している 8 大ロスとプラント総合効率の関係を表したのが、次の**図・4** です。

図・4　プラント総合効率の求め方

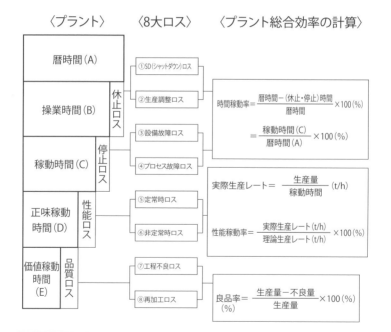

$$\text{プラント総合効率（\%）} = \text{時間稼動率} \times \text{性能稼動率} \times \text{良品率}$$

①時間の説明

(1) 暦時間

　暦時間とは暦のことで、1年＝24時間×365日、1ヵ月＝24時間×30日となります。

(2) 操業時間

　年間あるいは月間を通じてプラントが操業できる時間のことで、シャットダウン工事および定期整備などによる休止ロス時間、または生産調整による休止ロス時間を暦時間から差し引いた時間です。つまり、実際にプラントが操業できる時間となります。

(3) 稼動時間

　操業時間から設備故障による停止ロス時間と、プロセス故障による停止ロス時間を差し引いた時間で、実際にプラントが稼動した時間となります。

(4) 正味稼動時間

　稼動時間に対して理論生産レートで正味稼動した時間で、スタート・停止および切替えのために発生した定常時ロス時間と、プラント異常のため生産レートをダウンさせた非定常時ロス時間などの性能ロス時間を、稼動時間から差し引いた時間です。

(5) 価値稼動時間

　価値稼動時間とは、正味稼動時間から不良品をつくり出しているロス時間、リサイクルのロス時間を差し引いた時間で、実際にプラントが製品（合格品）をつくり出した時間です。

②プラントの効率を阻害する 8 大ロス

(1) シャットダウン（SD）ロス

　年間保全計画によるシャットダウン工事、および定期整備などによる休止によって、生産ができなくなる時間のロスです。

　シャットダウンによる休止は、プラントの性能維持と保安・安全上から不可欠な休止時間です。しかし、プラントの生産効率を高めるためにあえて休止ロスとしてとらえ、その極小化をねらいます。すなわち、連続操業日数の延長、シャットダウン工事の効率化と期間短縮などです。そのほか、シャットダウン工事以外の定期整備などによる休止ロスも含めます。

(2) 生産調整ロス

　需給関係による生産計画上の調整時間のロスです。生産される製品がすべて計画どおり販売されれば調整ロスは発生しませんが、需要が減少すれば、プラントを一時的にせよ休止しなければならない場合もあり、生産調整ロスになります。ただし、生産減で計画休止するロスは管理ロスとする場合もあります。

　運転中のプラントは、品質、コスト、納期上の優位性を常に保ち、さらに生産性を高めて品種の改良や新製品の開発にあてるプラントの余力を生み出し、需要が増大したときの事前対応を常に考えておくことが必要です。

　また、生産調整の方法としては、レートダウン（設備能力を低下させる）して運転する場合もあり、これらは生産性の低下を防止するため配員などを考慮する必要があります。

(3) 設備故障ロス

　設備・機器が既存の機能を失い、突発的にプラントが停止するロス時間です。ポンプ故障、モーター損傷などの故障により設備停止した時間を故障ロスとして取りあげます。また、機能低下型故障の場合には、後述の非

定常時ロスとして把握します。

（4）プロセス故障ロス

　工程内での取扱い物質の化学的・物理的な物性変化や、操作ミス、外乱などでプラントが停止するロス（時間）です。

　設備の故障以外でプラントが停止する例は実に多く、たとえば、工程内処理物の付着による開閉不良、詰まりによるトリップ、漏れ・こぼれによる電計機器への障害、物性変化による負荷変動のほか、計量ミス・操作ミスや主副原料不良・副資材などの異常によるものなどがあげられます。

　装置型のプラントでは、プロセス故障・トラブルの対策を重視しなければ故障のゼロ実現が難しくなります。

（5）定常時ロス

　プラントのスタート、停止および切替えのために発生するロス（レートダウン・時間）です。

　プラントスタート時の立上げ、停止時の立下げおよび品種の切替え時には、理論生産レートは維持できません。この生産低下の量をロスと見なし、定常時ロスと呼びます。

（6）非定常時ロス

　ププラントの不具合、異常のため生産レートをダウンさせた場合の性能ロス（レートダウン）です。プラント全体の能力は、理論生産レート（t/h）で表しますが、プラント異常や不具合のため、理論生産レートでは運転することができず、生産レートをダウンして運転することがあり、このように理論生産レートと実際生産レートの差を非定常時ロスと呼びます。

（7）工程品質不良ロス

　工程品質不良ロスとは、不良品をつくり出している時間ロスと廃却品の物的ロス、2級品格下げなどのロス（時間・トン・金額）です。

工程品質不良の要因はさまざまで、主副原料不良・副資材などの異常ロス、計器不良による製造条件設定不良によるロス、運転員の製造条件設定ミスによるロス、外乱によるロスの発生などがあります。

（8）再加工ロス

再加工ロスとは、工程バックによるリサイクルロス（時間・トン・金額）のことです。

装置型のプラントで、「不良品は再加工すれば良品（合格品）になる」という考え方がある場合は、考え方を改める必要があります。再加工は時間的ロス、物的ロス、エネルギーロスといった、大きなロスを生む原因です。

しかし、業種・製品によっては、再加工が不可能なもの、手直し不可能な場合もあります。このようなプラントでは、再加工ロスを品質ロスとしてとらえ、プラントのロス構造を「7 大ロス」としてもよいでしょう。

One Point

自主保全の基礎知識

問題

・・

自主保全の基礎知識に関する次の各設問に解答しなさい。

【オペレーターに必要な4つの能力】

自主保全は、オペレーター1人ひとりが、「自分の設備は ㉙ 」ということを意識することが重要であり、下表のような4つの保全の知識、技能を持ったオペレーターは、「真に設備に強いオペレーター」だといえます。

4つの能力	解説
1.　異常発見能力	・故障が起こりそうだ、不良が出そうだという ㉚ がわかる
2.　㉛ 能力	・発見した異常については、元の正しい状態に戻せる ・異常を発見したらすぐに上司や保全に報告する
3.　㉜ 能力	・異常と正常の判断基準を個人の勘や経験に頼らず、「○度以下であること」のように定量的に決められる
4.　維持管理能力	・「清掃・点検基準」などの決めたルールをきちんと守り、守れないときは守れるように点検方法を見直したり設備改善する

〔設問1〕

【オペレーターに必要な4つの能力】の空欄 ㉙ ～ ㉜ に当てはまる語句として、もっとも適切なものを選択肢から選びなさい。

<＜㉙～㉜の選択肢＞>

ア．他人が直す　　　イ．処置・回復　　　ウ．保全予防

エ．条件設定　　　　オ．5S 管理　　　　カ．自分で守る

キ．原因系の異常　　ク．技能伝承　　　　ケ．開発・設計

【自主保全ステップ方式の考え方】

　自主保全活動の大きな目的の1つは、下図のように、自主保全の活動を通して、設備・　㉝　・現場の体質改善を図ることです。また、ステップごとに活動を進めることで、知識・技能を向上させ、個人としても集団としてもレベルアップすることで現場力の向上を図ります。

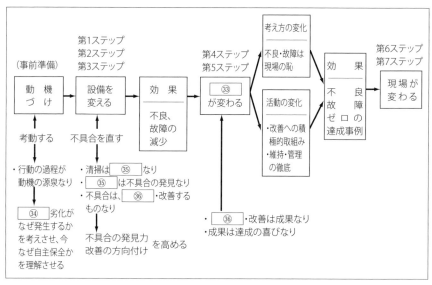

〔設問 2〕

【自主保全ステップ方式の考え方】の空欄　㉝　～　㊱　に当てはまる語句として、もっとも適切なものを選択肢から選びなさい。

<③③〜③⑥の選択肢>

ア．業務	イ．人	ウ．点検
エ．自然	オ．記録	カ．整頓
キ．測定	ク．復元	ケ．強制

問題

解答と解説

ワンポイント

解答

	設問1				設問2		
㉙	㉚	㉛	㉜	㉝	㉞	㉟	㊱
カ	キ	イ	エ	イ	ケ	ウ	ク

解 説

〔設問1〕

オペレーターに必要な4つの能力

「自分の設備は自分で守る」設備に強いオペレーターには、**表・1**のような4つの保全の知識、技能を持つことが求められます。

これらの能力を持ったオペレーターは「不良が出そうだ」「故障しそうだ」という原因系の異常を発見でき、それらを未然に防ぐことができる「真に設備に強いオペレーター」だといえます。

表・1 オペレーターに求められる4つの能力

4つの能力	意 味	解 説
1. 異常発見能力	異常を異常として見る目を持っている	・故障した、不良が出たという結果としての異常を発見するのではなく、故障が起こりそうだ、不良が出そうだという原因系の異常がわかる
2. 処置・回復能力	異常に対して正しい処置が迅速にできる	・発見した異常については、元の正しい状態に戻せる ・異常を発見したらすぐに上司や保全に報告する
3. 条件設定能力	正常や異常の判定基準を定量的に決められる	・異常と正常の判断基準を、個人の勘や経験に頼らず、「○○度以下であること」のように定量的に決められる
4. 維持管理能力	決めたルールをきちんと守れる	・「清掃・点検基準」などの決めたルールをきちんと守り、守れないときは、守れるように設備改善したり、点検方法を見直す

〔**設問 2**〕

自主保全ステップ方式の考え方

　自主保全活動の大きな目的は、自主保全の活動を通じて、

①設備が変わり → ②人が変わり → ③現場（会社）が変わる

体質の改善です（**図・5**）。

(1) 設備面での目的

　とくに初期清掃、発生源・困難個所対策、自主保全仮基準の作成の活動は「設備を変える」重要な活動です。

①潜在欠陥（微欠陥）を顕在化し、対策や復元、改善を行うことで強制劣化を防止する

②清掃・給油・増締めなどの自主保全における基本条件の整備と体制の構築

③五感と理論に基づいた点検

(2) 人材育成面での目的

　自主保全活動は設備を教材にして、自主管理活動を行う意欲と能力を持つ人材を育成する教育訓練のステップととらえられます。

　日常使用している設備を通して故障や不良、災害の原因やメカニズムを体験的に学ぶことができます。また、サークル活動を通してメンバーシップやリーダーシップなど職制者にもオペレーターにも多くの効果が期待できます。

　ステップごとに活動を進めることで知識・技能を向上させ、個人としても集団としてもレベルアップすることで現場力の向上を図ります。

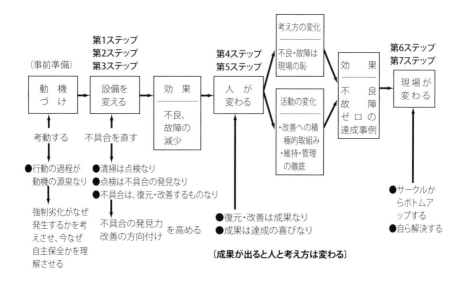

（事前準備）

第1ステップ
第2ステップ
第3ステップ

第4ステップ
第5ステップ

第6ステップ
第7ステップ

動　機
づ　け

設備を
変える

効　果
──
不良、
故障の
減少

人　が
変わる

考え方の変化
──
不良・故障は
現場の恥

活動の変化
──
・改善への積
　極的取組み
・維持・管理
　の徹底

効　果
──
不　　良
故　　障
ゼ　ロの
達成事例

現場が
変わる

考動する

不具合を直す

●行動の過程が
　動機の源泉なり

強制劣化がなぜ
発生するかを考
えさせ、今なぜ
自主保全かを理
解させる

●清掃は点検なり
●点検は不具合の発見なり
●不具合は、復元・改善するものなり

不具合の発見力
改善の方向付け　を高める

●復元・改善は成果なり
●成果は達成の喜びなり

〔成果が出ると人と考え方は変わる〕

●サークルか
　らボトムア
　ップする
●自ら解決する

自主保全活動支援ツール

問題

目で見る管理に関する次の設問に解答しなさい。

【目で見る管理】

対象	対象物イメージ	管理の方法	管理の実施による効果の例
モーター・伝達系統	伝達系統のカバー モーター	・カバーには使用している伝達部品の ㊲ を表示する	㊶
液体配管・バルブ		・配管は液体の種類や流れ方向が分かるようにする ・バルブは ㊳ がわかるようにする	㊷
圧力計		・圧力が正しい ㊴ にある事がわかるように色付けする	㊸
エフ付け	TPM 自主保全第 1 2 3 4 5 6 7 ステップ 設備名 管理No. 取替年月日 発見者	・設備の ㊵ 個所を摘出するごとに取り付ける	㊹

〔設問1〕

【目で見る管理】の空欄 ㊲ ～ ㊹ に当てはまる語句として、もっとも適切なものを選択肢から選びなさい。

＜㊲～㊵の選択肢＞

> ア．型式　　　　イ．回転数　　ウ．開閉状態　　エ．範囲
> オ．不具合　　　カ．改善　　　キ．電圧　　　　ク．重量

＜㊶～㊹の選択肢＞

> ア．現場に行かなくても、異常の発生に気づけるようになった
> イ．正常・異常の判断が容易となり、点検時間が短縮された
> ウ．ベルト交換の外段取り時間が短縮された
> エ．不具合の時間変化の状況を測定できるようになった
> オ．モーター温度測定時の内段取り時間が短縮された
> カ．不具合を見る目が育ち、不具合個所を忘れないようになった
> キ．五感点検のうち、聴覚による判定の精度が向上した
> ク．点検後の誤操作防止につながり、労働災害が減少した

解答と解説　自主保全活動支援ツール

解答

設問1							
㊲	㊳	㊴	㊵	㊶	㊷	㊸	㊹
ア	ウ	エ	オ	ウ	ク	イ	カ

解説

生産現場における目で見る管理とは、生産現場に発生する異常やロス、ムダなどをひと目でわかるようにしておき、トラブルや悪い事態が発生する前に、的確なアクションがとれる「予防的管理」を実現する技術・仕組みです。

①「目で見る管理」と「目で見る表示」の違い

図・6は目で見る表示であり、**図・7**が目で見る管理です。この例は、空圧機器の3点セット、とくにルブリケーターについて述べたものです。ルブリケーターとは所定のオイルをためて、オイルを必要とする下流の空圧機器、たとえば空圧シリンダーやソレノイドバルブへ、必要なときに必要なだけオイルを供給する役割をもっています。とくに重要な果たすべき役割は、オイルをためることよりも、必要なとき必要なだけ必要とする部位へオイルを供給することです。

図・6の例ではルブリケーターの上限下限表示を行い、この管理幅の中にオイルをためて管理しています。これで、オイルを所定量ためておくことに対する正常・異常はわかりやすくなりますが、故障やチョコ停などのトラブルを未然に防ぐ直接的役割としては、この表示では不十分です。なぜなら、オイルを必要とするところへ、必要なときに必要なだけ供給しているかどうかの正常・異常が見えず、判断できないという問題点が解決さ

れていないからです。

　これを解決したのが、**図・7**の例です。この例では、輪ゴムをルブリケーターの油面に巻き付けて、次回点検時に輪ゴムよりもルブリケーターの油面が下にあれば、果たすべき役割が確実に発揮されていることが見てわかる仕組みになっています。ただし、この事例においては、理論的オイル供給量に相当する油面の降下量を定量化し、これをひと目で見える仕組みにすることは必要です。

図・6　目で見る表示の例

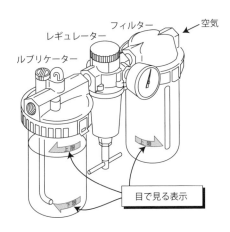

図・7　目で見る管理の例

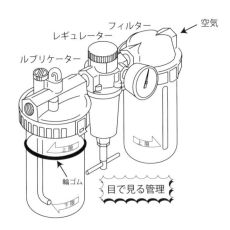

②目で見る管理のポイント

　図・7 から考えられる利点は、故障やチョコ停のトラブルを予防する直接的役割について管理できる点です。必要なときに必要なものを必要なだけ供給する機能面の異常を、人間が一生懸命に注意力を駆使して探し出す必要もなく、管理対象物の異常自身の方から人間の視覚へ出現してくれています。また管理対象物自身が正常か異常かの判断をしてくれるので、人間が考えたり計算しなくてもすみます。

　人間の注意力や記憶力には限界があります。また、人間は信頼性がバラつきやすい、エラーする動物でもあります。そこで、人間が異常を異常として判断するのではなく、管理対象物の方から異常と判断してくれたり、また人間が異常を探し出すのではなく、管理対象物の方から〝異常ですよ〟と人間に働きかけてくれる、この仕組みが目で見る管理のポイントです。

　ここでもう一度確認しておきますが、目で見る表示が不要といっているのではありません。生産現場には、たとえば数万点の管理対象物が存在します。これらをすべて記憶するのは不可能です。こういう場合には、目で見る表示が必要です。

　しかし、あくまで目で見る表示とは「管理対象物の案内役」であり、管理対象物の果たすべき機能の正常や異常の視覚化には不十分です。したがって、トラブルやロスの予防には、直接的貢献は低いといえます。

③目で見る管理の事例

図・8 に、目で見る管理の改善事例をまとめたので、参考にしてください。

図・8　目で見る管理の改善事例

	改善前	改善後		改善前	改善後
1	冷却ファンの作動管理はファンの送風を手で確認していた	送風口に吹流しをつけ、目で見てわかる管理にした	5	スイッチの ON・OFF 位置表示がなかった	ON・OFF 位置矢印表示をつけ、目で見てわかる管理をした
2	メーターの規定圧は目盛りを見て管理していた	メーターに色つけをし、針がグリーン・ゾーンにあるか、目で見てわかる管理をした	6	ボタンの ON・OFF 位置表示がなかった	ON・OFF 表示をつけ、目で見てわかる管理をした
3	取付けねじのゆるみは六角ボルトで増締めをして確認していた	取付けねじを締めた状態で合マークをつけ、目で見てわかる管理をした	7	ストックホームの残量がなくなった時点でわかっていた	ケースに残量警告マークをつけ、目で見てわかる管理をした
4	ボタンランプの点灯表示がないので、ランプの管理ができていなかった	点灯表示マークをボタンのスミにつけ、目で見てわかる管理をした	8	ランプ点灯表示がないので、ランプの管理ができていなかった	点灯表示マークをランプ周囲につけ、目で見てわかる管理をした

QCストーリー

問題

QCストーリーに関する次の各設問に解答しなさい。

【A サークルの活動概要】

A サークルでは、問題となっているチョコ停の低減活動について、【QCストーリーの手順】の流れに沿って取り組むこととした。ミーティングや調査を重ねた結果、チョコ停の主な要因が判明したため、対策を実施して目標の件数以下までチョコ停発生件数を減らすことに成功した。【活動中に使用した図表】は、この活動を進める中で使用した図表の概略図である。

【QC ストーリーの手順】

手順	内容
1	㊺
2	現状の把握／目標設定
3	㊻
4	要因の解析
5	対策の立案・選定
6	効果の確認
7	㊼
8	反省と今後の方針

【活動中に使用した図表】

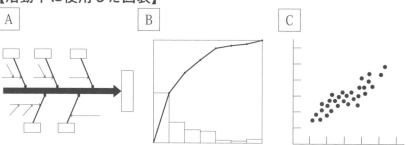

A   B   C

〔**設問 1**〕

【QC ストーリーの手順】の空欄 ⑤ ～ ⑰ に当てはまる手順
として、もっとも適切なものを選択肢から選びなさい。

＜⑤～⑰の選択肢＞

ア．標準化と管理の定着　　　　　　イ．テーマの選定

ウ．活動計画の作成

〔**設問 2**〕

【活動中に使用した図表】の図表 A ～ C の名称として、もっとも適切な
ものを選択肢から選びなさい。

図表 A：⑱　　　図表 B：⑲　　　図表 C：⑳

＜⑱～⑳の選択肢＞

ア．ヒストグラム　　イ．パレート図　　ウ．チェックシート

エ．散布図　　　　　オ．管理図　　　　カ．特性要因図

〔**設問 3**〕

【活動中に使用した図表】の図表 A ～ C の活動中に使用した目的として、もっとも適切なものを選択肢から選びなさい。

図表 A：⑤⑴　　　図表 B：⑤⑵　　　図表 C：⑤⑶

＜⑤⑴～⑤⑶の選択肢＞

ア．不具合が発生している設備と発生していない設備を区分するため

イ．設備ごとにチョコ停の発生件数と累積比率を分析するため

ウ．チョコ停の発生状況について、要因解析を行い、原因と思われる要素を洗い出すため

エ．室内温度の上昇が主な要因と考え、室内温度とチョコ停の相関関係を調査するため

オ．活動全体の作業工程をサークルメンバーに周知するため

カ．対策実施前後のチョコ停発生件数を比較するため

解答と解説　QC ストーリー

解答

設問1			設問2			設問3		
㊺	㊻	㊼	㊽	㊾	㊿	(51)	(52)	(53)
イ	ウ	ア	カ	イ	エ	ウ	イ	エ

解説

① QC ストーリーの説明

QC ストーリーと呼ばれる問題解決のアプローチは、実践活動のなかで形成された発見的な方法です。その解説に関しては、本や企業によって微妙な違いがあったりします。すなわち、ステップの数が違ったり、またおのおののステップの呼び方が違っていたりしています。しかし、よく見れば本質的には同じストーリーであることがわかります。

7 ステップの QC ストーリーの事例を、**表・2** に示します。

ステップ	実施項目
1. テーマの選定と取り上げた理由	・2017 年 4 月から、工場方針として工程不良の低減活動を開始した ・活動の目標は、2017 年 3 月度の工程不良率 1.8% を 2017 年 9 月末までに 1.0% 以下にすることとした ・現状では、○○工程の△△不良が常にワーストになっているため、○○工程の△△不良低減をテーマに選定して取り組んだ
2. 現状の把握と目標設定	・2016 年度下期の不良率の実績をグラフにし、現状把握した ・不良記録データをパレート図で層別分析した結果、○○工程の△△不良がワースト 1 だったので、ゼロ化を目標に設定した
3. 活動計画の作成	・5W1H で活動計画日程表を作成して取組みを開始した
4. 要因の解析	・図面、資料により加工の原理・原則を抽出した ・なぜなぜ分析により物理的なメカニズム解析を実施した ・摩耗量と加工精度との相関を散布図で検証した
5. 対策の検討と実施	・対策案を検討し、その結果を対策系統図と評価項目のマトリックス図にした ・総合評価の検討結果に基づいて、対策案を決定し実施した
6. 効果の確認	・△△不良の低減状況をパレート図で確認した ・不良率の低減状況をグラフで確認した
7. 標準化と管理の定着	・設備の点検に関する対策実施項目を点検基準書に織り込んだ ・設備の構造改善の内容は MP 情報としてフィードバックした

表・2　QC ストーリーの事例

② QC 手法の説明

　この課題で取り上げられている QC 七つ道具の特性要因図、パレート図、散布図について説明します。

●特性要因図

　品質特性（結果）に対して、その原因となる要因はどのようなものであるかを体系的に明確化しようとするもので、形が魚の骨に似ていることから、一般に「魚の骨の図」とも呼ばれています（図・9）。

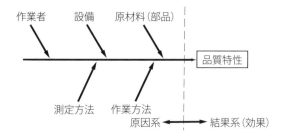

●パレート図

　一種の度数分布で、故障、手直し、ミス、クレームなどの損害金額、件数、パーセントなどを原因別・状況別にデータをとり、その数値の多い順に並べた棒グラフをつくれば、もっとも多い故障項目や、もっとも多い不良個所などがひと目でわかります。このようにしてでき上がった棒グラフの各項目を、折れ線グラフで累積和を図示したものがパレート図です（**図・10**）。パレート図によって原因の格付けができ、上位の原因から改善活動を行うことによって不良原因を効率的に排除できます。

図・10　パレート図

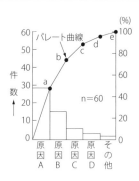

●散布図（scatter diagram）

　1 種類のデータについては、度数分布などで分布のだいたいの姿をつかむことができますが、対になった 1 組のデータ（体重と身長など）の関係・状態をつかむには、散布図を用います**（図・11）**。たとえば、温度と歩留まりや、加工前の寸法と加工後の寸法の間にどのような関係があるかという、この関係を相関といいます。相関には正相関と負相関があります。

図・11　散布図

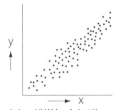

（a）xが増加すれば
　　yも増加する（正相関）

（b）xが増加すれば
　　yは減少する（負相関）

作業改善のためのIE

問題

IE 手法に関する次の各設問に解答しなさい。

【改善の 4 原則（ECRS）】

※着眼点は ECRS の順番で記述されているとは限らないので注意すること

改善の4原則（ECRS）	着眼点のポイント
(54)	作業や工程の順序を変更できないか、あるいは人・機械・工具・材料を他のものにできないかといった着眼点
(55)	簡単にあるいは単純にできないかといった着眼点
(56)	何のための作業か、本当に行う必要性があるのかといった着眼点
(57)	同時に複数の作業処理をしたらムダを省くことができないかといった着眼点

〔設問 1〕

【改善の 4 原則（ECRS）】の空欄 (54) ～ (57) に当てはまる語句として、もっとも適切なものを選択肢から選びなさい。

＜(54)～(57)の選択肢＞

ア．分担（Split）
イ．交換（Exchange）
ウ．拡張（Extend）
エ．簡素化（Simplify）
オ．分類（Classify）
カ．制限（Restrict）
キ．供給（Supply）
ク．協力（Cooperate）
ケ．排除（Eliminate）
コ．結合（Combine）
サ．関連付け（Relate）
シ．置換（Rearrange）

【IE 手法】

IE とは、仕事を ⑤⑧ するための手法である。工場における生産設備や流れ生産ラインの仕組みは、すべて IE 手法という科学的管理手法が活用できる。例えば、指導を受けるときに示される「 ⑤⑨ 表（票）」などは、IE 手法の中でもっとも基本となる作業研究という手法が使われている。

他にも、代表的な手法として、稼動分析を行う ⑥⓪ 法や、編成効率を求めるための ⑥① 分析などがある。

〔設問 2〕

【IE 手法】の空欄 ⑤⑧ ～ ⑥① に当てはまる語句として、もっとも適切なものを選択肢から選びなさい。

<⑤⑧～⑥①の選択肢>

```
ア．よりラクに、早く、安く      イ．より慎重に、正確に

ウ．標準作業                    エ．スキルチェック

オ．ワークサンプリング          カ．全数検査

キ．ラインバランス              ク．アベイラビリティ
```

解答と解説　作業改善のためのIE

解答

設問1				設問2			
(54)	(55)	(56)	(57)	(58)	(59)	(60)	(61)
シ	エ	ケ	コ	ア	ウ	オ	キ

解 説

〔設問 1〕

①改善の 4 原則（ECRS）

生産や事務作業の流れには種々の順序があります。それを一定の区切りで流れをつかむと、仕事の効率が良くなります。この区切りを「工程（プロセス）」と呼びます。「モノづくり」は、原材料がさまざまの加工段階や部品の組み付け段階を経て、製品となっていく「生産の工程」から成り立っています。「個々の工程」を計画したり、今の状況を観察して、調査し改善の方向を求める手法を「工程分析」といいます。

改善の着眼点として、活用してほしい「改善の ECRS」があります。作業改善では、まずこの ECRS に着目した改善を行うことで成果につながります。

①排除（Eliminate）：何のための作業か？　本当に行う必要性があるのか（排除できないか）？　ということを、②～④に先立ち、突き詰めて検討することが必要である。身近な例では、実際には行う必要のない作業を、前任者が実施していたからという理由だけでただ漫然と行っているなどのケースである。また、やりにくい（ムリ）作業はないか？　と考えるのも良い着眼点であろう。

②結合（Combine）：同時に複数の作業を処理（結合）したらムダが省けるといったケースが身近な例である。歩行のムダや手作業の軽減に結びつく改善事例は身の周りに多くある。

③置換（Rearrange）：作業の順序を変更したり、人・機械・工具や材料を交換あるいは他のものに置き換えることで、改善できるケースがある。

　左手作業で、右利きの人を左利きの人と交代させるのもその例である。

④簡素化（Simplify）：簡単にあるいは単純にできないかと着眼することである。過剰包装などが身近な例である。作業方法やモノの位置を変えることから時間や労力の節減に結びつく改善は身近に多くある。

〔**設問 2**〕

② IE 手法

　IE とは、仕事をよりラクに、早く、安くするための技術です。この IE 手法の基本を学び、徹底した「ムダ・ムラ・ムリ」の排除を行うことが必要です。

　IE の手法は、「モノづくり」で人が道具や機械を上手に使う工夫・研究から生まれました。オペレーターが日常働いて品物をつくり出している生産設備や流れ生産ラインの仕組みは、すべて IE 手法という科学的管理手法が活用できます。初めて作業に取り組むにあたり、上司から受ける指導などで示される「標準作業表（票）」などは、IE 手法の中でももっとも基本となる作業研究（時間研究と動作研究）という手法が使われており、仕事をよりラクに、早く安くするための日常の改善にも大いに活用されています。

　代表的な手法として次のようなものがあります。

①工程計画：工程分析・作業研究（動作研究、時間研究）

②工場計画：プラントレイアウト・マテリアルハンドリング

③稼動分析：ワークサンプリング法など

④編成効率：ラインバランス分析など

工具・測定機器

問題

作業に使用する工具に関する次の設問に解答しなさい。

【作業に使用する工具】

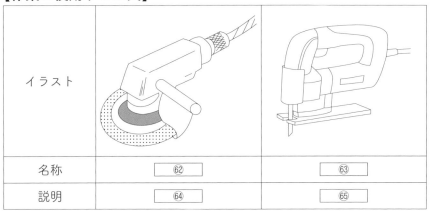

イラスト		
名称	⑥	⑥
説明	⑥	⑥

〔設問1〕

【作業に使用する工具】の空欄 ⑥ ～ ⑥ に当てはまる語句として、もっとも適切なものを選択肢から選びなさい。

<⑥～⑥の選択肢>

ア．ドリルチャック　　　　イ．リーマ

ウ．ハンドジグソー　　　　エ．ディスクグラインダー

問題

解答と解説

ワンポイント

＜⑭〜⑮の選択肢＞

ア．鋳造品や、切断後の金属のバリ取りを行う

イ．ドリルなどであけられた穴の内面を、なめらかで精度のよいものに仕上げる

ウ．アクリル板や材木、金属の薄板などを切断する

エ．結合しようとする 2 つの材料の接合部分を溶融して結合する

測定機器に関する次の設問に解答しなさい。

【測定機器】

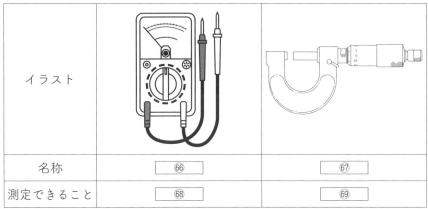

イラスト		
名称	⑯	⑰
測定できること	⑱	⑲

〔設問 2〕

【測定機器】の空欄　⑯　〜　⑲　に当てはまる語句として、もっとも適切なものを選択肢から選びなさい。

<㉞～㉟の選択肢>

ア．シリンダーゲージ　　　　　イ．回路計（テスター）
ウ．放射温度計　　　　　　　　エ．マイクロメーター

<㉟～㊵の選択肢>

ア．濃度　　　　イ．厚さ　　　　ウ．電圧　　　　エ．温度

解答と解説　工具・測定機器

解答

設問1				設問2			
⑥	⑥	⑥	⑥	⑥	⑥	⑥	⑥
62	63	64	65	66	67	68	69
エ	ウ	ア	ウ	イ	エ	ウ	イ

解 説

①作業に使用する工具

（1）ディスクグラインダー

　鋳造品のバリ取り、金属切断後のバリ取りなどの荒い作業、手仕上げの効率化を目的とした手持ち電動工具（ディスクグラインダー）のことで、現場では「サンダー」などと呼ばれ多く使用されています（**図・12**）。

図・12　ディスクグラインダー

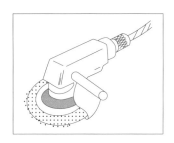

(2) ハンドジグソー

　ハンドジグソーは電動のものが多く、手軽で取扱いも簡単なので、改善などでアクリル板や材木、金属の薄板切断など広範囲に使用されます。被裁断材料によっては切粉が飛び散ることもあるので、必ず保護メガネを着用します。

　また、材料ごとに専用のノコ刃を使用します。裁断中は、被裁断材料をノコ刃の前進に合わせます。ムリに押し付けたり曲げたりするとすぐにノコ刃が折損し、材料をきずつけてしまうので、注意が必要です（**図・13**）。

図・13　ハンドジグソー

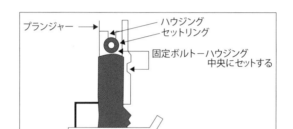

②測定機器

(1) 回路計（テスター）

　回路計は一般にテスターと呼ばれ、交流の電圧、直流の電圧・電流ならびに抵抗を1台の計器で簡単に測定できます。切換えスイッチなどが一体にまとまっており、小型軽量で取扱いが簡単なため、広く利用されています（**図・14**）。

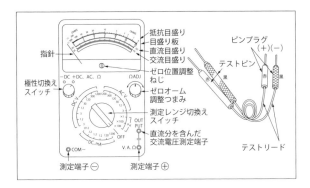

図・14　テスターの外観

<使用上の一般的な注意事項>

・測定する電流、電圧、抵抗項目に応じて、切替えスイッチを選定

・赤のプラグを＋端子に、黒の端子を－端子に接続する

・メーターのゼロ位置調整をしてから、測定する

・抵抗測定時は、測定対象設備の電源を切って行う。コンデンサーがある回路では、放電後に測定する

・電流は、流れる電気の量を測定するので、図・15 のように直列に接続し、電圧測定時は、負荷の両端における電位差を測るので、負荷に並列に接続する

図・15　電流計と電圧計の接続

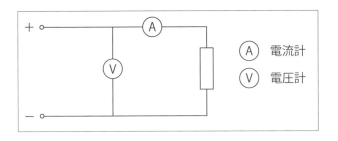

(2) マイクロメーター

①構造と原理

マイクロメーターは、おねじとめねじのはめあいを利用して測定します（**図・16**）。マイクロメーターに使われるねじのピッチは 0.5mm で、おねじに直結した目盛り（シンブル）は外周を 50 等分した目盛りが付いています。そこで、おねじを 1 回転させれば、シンブルが 1 回転して 0.5mm 動く（50 目盛り動いて 0.5mm 動く）ことになります。

②目盛りの読み方

スリーブの目盛りは、基線を境に上側は 1mm 単位、下側は上側の目盛りの中間に 1mm 単位で刻まれていて、0.5mm を表します。したがって、アンビルとスピンドルが密着したとき、スリーブの基線とシンブルの 0 点が合うようになっています（**図・17**）。

図・16　外側マイクロメーターの構造（標準型）

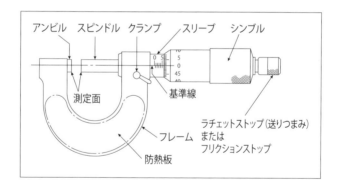

アンビル　スピンドル　クランプ　　スリーブ　シンブル

測定面

基準線

ラチェットストップ（送りつまみ）
または
フリクションストップ

フレーム

防熱板

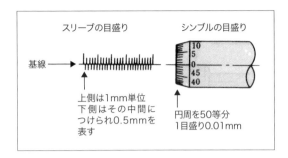

図・17　マイクロメーターの目盛り

③**読み方**

　読み方は、**図・18**にあるように、まずスリーブの目盛りを読み、これにスリーブの基線と合っているシンブルの目盛りを加えた値が測定値となります。なおスリーブの下側の0.5mmを見落としやすいので注意が必要です。

図・18　マイクロメーターの読み方

＜使用上の一般的注意事項＞

・使用前に必ず0点を調整する

・激しい衝撃を与えない。落としたり衝撃を与えてしまった場合は再点検する

・測定ではシンブルを直接回さないで、ラチェットストップ（送りつまみ）を使う

・手の温度による誤差にも注意する。フレームを手で持つ場合は、防熱板の部分を持つ

・目盛りの合っている点の真正面に目をおいて読み取る

・使用しないときは、アンビルとスピンドルの両測定面間は、多少離しておく（密着させた保管時の熱膨張による変形などを防ぐため）

④**種類**

マイクロメーターの用途で大別すると、外測用、内測用、深測用の3種類があり、それぞれにいくつかのタイプがあります（**表・3**）。

マイクロメーターの測定範囲は誤差や使用上の点から、JISでは25mm単位で、0～25mmから475～500mmまでのものが規格化されています。

表・3　マイクロメーターの種類

用　　途	種　　　　　類
外　　測　　用 （外側マイクロメーター）	標準形、替アンビル形、リミットマイクロメーター、歯厚式歯車マイクロメーター、ねじマイクロメーター、直進式ブレードマイクロメーター、その他
内　　測　　用 （内側マイクロメーター）	キャリパー形、単体形、継ぎたしロッド形 3点測定式マイクロメーター（IMICRO）
深　　測　　用	デプスマイクロメーター

図面の見方

問題

・・・

【工作物 A の立体図】を見て、次の設問に解答しなさい。

【工作物 A の立体図】

正面方向

（参考）別方向から見た工作物 A の立体図

正面方向

〔**設問 1**〕

工作物 A の正面図、平面図、右側面図として、もっとも適切なものを選択肢から選びなさい。

正面図： ⑦⓪　　　平面図： ⑦①　　　右側面図： ⑦②

<⑩～⑫の選択肢>

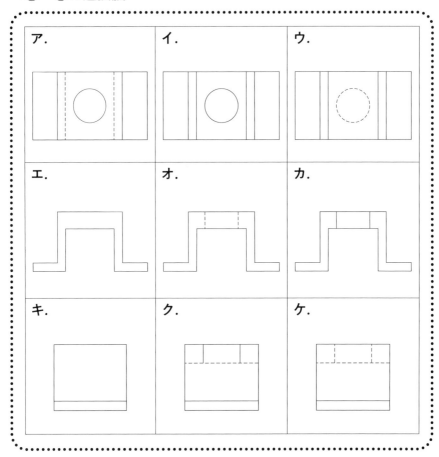

【工作物 B の図面】を見て、次の各設問に解答しなさい。

【工作物 B の図面】

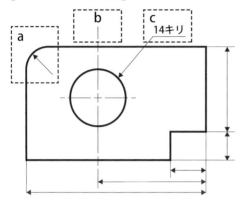

〔**設問 2**〕

a 部を表す記号とその意味として、もっとも適切なものを選択肢から選びなさい。

記号： ⑦ 意味： ⑦

< ⑦〜⑦の選択肢 >

> ア．□ 10 イ．F10 ウ．R10
> エ．矢印の長さを示す
> オ．矢印が示す場所の直径の寸法を示す
> カ．矢印が示す場所の半径の寸法を示す

〔**設問 3**〕

bの線の種類とその意味として、もっとも適切なものを選択肢から選び
なさい。

種類： ⑦⑤   意味： ⑦⑥

＜⑦⑤〜⑦⑥の選択肢＞

```
ア．点線            イ．１点鎖線            ウ．破線
エ．寸法の記入に用いる
オ．図形の中心を示す
カ．見えない部分を表す
```

〔**設問 4**〕

cの記号が表す意味として、もっとも適切なものを選択肢から選びなさ
い。

⑦⑦

＜⑦⑦の選択肢＞

```
ア．直径 14mm のドリルを使って穴開けの加工を行う
イ．半径 14mm のドリルを使って穴開けの加工を行う
ウ．ドリルを使って深さ 14mm の穴開けの加工を行う
```

問題

解答と解説

ワンポイント

〔**設問 5**〕

工作物 B の穴の内径を測定する際に用いる器具として、もっとも適切なものを選択肢から選びなさい。

⑱

<**⑱の選択肢**>

ア．ノギス　　　　　イ．ダイヤルゲージ　　　　ウ．水準器

解答

設問1		
⑦	⑦	⑦
オ	ア	ケ

設問2		設問3		設問4	設問5
⑦	⑦	⑦	⑦	⑦	⑦
ウ	カ	イ	オ	ア	ア

解 説

〔**設問 1**〕

98 〜 99 ページを参照ください。

［設問 2］と［設問 4］

　寸法値（寸法数字）、寸法線、寸法補助線、引き出し線（引出線）、末端記号（矢印）を**図・19** 寸法補助記号（寸法記号）を**表・4** に、また穴の加工方法を**表・5** に説明します。

図・19　寸法の記入

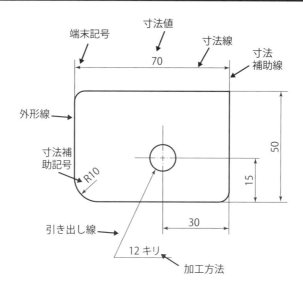

表・4　寸法補助記号

項目	記号	呼び方
直　　径	φ	まる
半　　径	R	アール
球の直径	Sφ	エスまる
球の半径	SR	エスアール
正 方 形	□	かく
板の厚さ	t	ティー
円弧の長さ	⌒	えんこ
45°面取り	C	シー

表・5　加工方法と簡略指示

加工方法	簡略指示
鋳 放 し	イ　ヌ　キ
プレス抜き	打　ヌ　キ
きりもみ	キ　　リ
リーマ仕上げ	リ　ー　マ

175

〔設問 3〕の解説

　図面に用いられる線には、断続形式と太さの比率の組合わせとによって、**表・6** に示すような用途による種類があります。

　かくれ線には細い破線と太い破線があり、また、中心線には細い一点鎖線と細い実線があり、いずれを用いてもよいことになっています。しかし、同一図面では両者を混用してはいけません。

表・6　線の種類による用法

用途による名称	線 の 種 類		線 の 用 途
外　形　線	太　い　実　線	———————	対象物の見える部分の形状を表すのに用いる
寸　法　線	細　い　実　線	———————	寸法を記入するのに用いる
寸 法 補 助 線			寸法を記入するために図形から引き出すのに用いる
引　出　し　線			記述・記号などを示すために引き出すのに用いる
回 転 断 面 線			図形内にその部分の切り口を90°回転して表すのに用いる
中　心　線			図形の中心線を簡略に表すのに用いる
水　準　面　線			水面・油面などの位置を表すのに用いる
か　く　れ　線	細　い　破　線 または太い破線	- - - - - - - -	対象物の見えない部分の形状を表すのに用いる
中　心　線	細い一点鎖線		(1)図形の中心を表すのに用いる (2)中心が移動した中心軌跡を表すのに用いる
基　準　線			とくに位置決定のよりどころであることを明示するのに用いる
ピ ッ チ 線			繰り返し図形のピッチをとる基準を表すのに用いる
特 殊 指 定 線	太い一点鎖線	——— - ———	特殊な加工を施す部分など特別な要求事項を適用すべき範囲を表すのに用いる
想　像　線①	細い二点鎖線	——— - - ———	(1)隣接部分を参考に表すのに用いる (2)工具・ジグなどの位置を参考に示すのに用いる (3)可動部分を、移動中の特定の位置または移動の限界の位置で表すのに用いる (4)加工前または加工後の形状を表すのに用いる (5)繰返しを示すのに用いる (6)図示された切断面の手前にある部分を表すのに用いる
重　心　線			断面の重心を連ねた線を表すのに用いる
破　断　線	不規則な波形の細い実線、またはジグザグ線②	〜〜〜 / ⌇	対象物の一部を破った境界、または一部を取り去った境界を表すのに用いる
切　断　線	細い一点鎖線で端部および方向の変わる部分を太くしたもの③		断面図を描く場合、その切断位置を対応する図に表すのに用いる
ハ ッ チ ン グ	細い実線で、規則的に並べたもの	/////	図形の限定された特定の部分を他の部分と区別するのに用いる。たとえば、断面図の切り口を示す
特殊な用途の線	細　い　実　線		(1)外形線およびかくれ線の延長を表すのに用いる (2)平面であることを示すのに用いる (3)位置を明示するのに用いる
	極 太 の 実 線		薄肉部の単線図示を明示するのに用いる

(注)　①　想像線は、投影法上では図形に現れないが、便宜上必要な形状を示すのに用いる。
　　　　また、機能上・工作上の理解を助けるために、図形を補助的に示すためにも用いる。
　　　②　不規則な波形の細い実線は、フリーハンドで描く。またジグザグ線のジグザグ部は、フリーハンドで描いてもよい。
　　　③　他の用途と混用のおそれがないときは、端部および方向の変わる部分を太くする必要はない。
(備考)　・　細線、太線および極太線の太さの比率は、1:2:4とする。
　　　　・　この表によらない線を用いた場合には、その線の用途を図面の余白に注記する。

〔**設問 5**〕

　ノギスの内側用ジョウを使用して測定します。

　ノギスは外形用・内側用の測定面があるジョウを一端に持つ本尺を基準とします。それと平行な測定面のあるジョウを持つスライダーがすべり、各測定面間の距離を、本尺、バーニア、ダイヤル目盛りによって読み取ります。また、電子式のものは、電子式デジタル表示によって読み取ることができます。

図・20　M型ノギス（JIS B 7057）

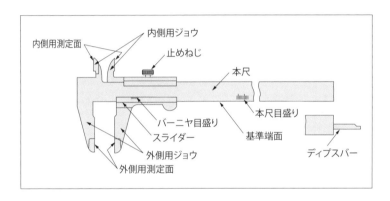

図・21　ノギスの表示

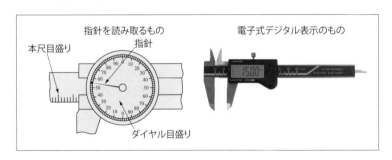

2022年度

自主保全士検定試験

1級

実技試験問題

解答／解説

KYT （危険予知訓練）

問題

・・・・・・・・・・・・・・・・・・・・・・・・・・・・・・・・・・・

【コンベヤ清掃点検作業のイラスト】【KYT （危険予知訓練）の実施結果】を見て、〔設問 1〕〜〔設問 2〕に解答しなさい。

【コンベヤの清掃点検作業のイラスト】

コンベヤ⟶

操作盤

【KYT （危険予知訓練）の実施結果】

ラウンド	実施項目	実施例
第1ラウンド	①	⑤
第2ラウンド	②	⑥
第3ラウンド	③	⑦
第4ラウンド	④	⑧

〔設問 1〕

空欄 ① 〜 ④ に当てはまる実施項目として、もっとも適切な選択肢を選びなさい。

①〜④の選択肢

> ア．本質追究　イ．活動計画　ウ．目標設定　エ．対策樹立
> オ．水平展開　カ．現状把握　キ．標準化　　ク．対応処置

〔設問 2〕

空欄　⑤　〜　⑧　に当てはまる実施例として、もっとも適切な選択肢を選びなさい。

⑤〜⑧の選択肢

> ア．「コンベヤが急に作動し、作業者の手が巻き込まれる」「コンベヤから荷物や工具が落下し、作業者に当たる」などの危険性があると考えた
> イ．点検の結果、異音の原因は潤滑不足であることがわかった
> ウ．もっとも問題のある危険性は、コンベヤが急に作動し、作業者の手が巻き込まれることであると考えた
> エ．ケガの程度に関わらず、無理に体を動かさないようにして、すぐに救急車を呼ぶことが最善と考えた
> オ．コンベヤの点検中は、主電源を切り、作業中の表示を行うこととした
> カ．「私たちは、コンベヤの清掃点検作業中は、主電源を入れた状態で、操作盤に施錠します」をスローガンとして、唱和した
> キ．「私たちは、コンベヤの清掃点検作業中は、主電源を切り、誤って起動しないようにします」をスローガンとして、唱和した
> ク．安全会議や掲示物を通して、他部署の従業員に訓練の内容について周知した

解答と解説　KYT（危険予知訓練）

解答

	設問1			設問2			
①	②	③	④	⑤	⑥	⑦	⑧
カ	ア	エ	ウ	ア	ウ	オ	キ

解　説

① KYT の目的

　KYT とは、危険予知訓練（Kiken-Yochi Training）の略で、危険を予知する感受性を高める訓練のことです。

　たとえば、作業手順書などで作業のステップや急所を定めていても、人間は次のようなミスを犯しがちです。

・見落とし：自主点検のポイントを見落とす

・ど忘れ：守るべきステップや急所を忘れる

・判断ミス：「この程度なら大丈夫だ」と考えて、「決めたこと」の判断を
　誤る

　こうした不安全行動の要因をなくすために、全員で危険に対する問題意識を高めるのが KYT の目的です（**図・1**）。

図・1　KYT とは

② KYT を進める際のポイント

（1）第三者の立場で見る

写真や VTR、イラストなどを用いて第三者の立場で見るようにします。

（2）記憶の再生、状況の把握を行う

自分たちの行動を観察して、どのような危険や被害を受ける可能性があるかを、経験や知識から思い出してみます。

（3）行動の反省を行う

どのような行動がとくに危険なのか、あるいは有害なのかについて改めて反省するとともに、整理をします。

（4）相互啓発を行う

危険・有害な行動をなくすにはどうすればよいかについて考え、話し合い、先輩や同僚の経験・知識から学ぶといった相互啓発が不可欠です。

図・2 に、KYT 基礎 4 ラウンド法を実施するときに使う「危険予知訓練レポート」シートを示します。

危険に対する感受性は、個人によってそのレベルに差があります。しかし、KYT を通じて問題意識を持つことによって、危ないことを危ないと感じる能力を高めることができるのです。

③ KYT 基礎 4 ラウンド法の事例

KYT 基礎 4 ラウンド法の進め方を**表・1** に説明します。

事例として KYT モデルシートを**図・3** に示します。

図・3 のモデルシートから危険予知訓練レポートを作成した例が**表・2** です。

図・2　危険予知訓練レポート（例）

		シートNO.	とき		ところ	

チームNO.−サブチーム	チーム・ニックネーム	リーダー	書記	レポート係	発表者	コメント係	その他のメンバー
−							

第1ラウンド〈どんな危険がひそんでいるか〉潜在危険を発見・予知し、"危険要因"とそれによって引き起こされる"現象"を想定する。
第2ラウンド〈これが危険のポイントだ〉発見した危険のうち、「重要危険」に○印。さらにしぼり込んで、とくに重要と思われる"危険のポイント"に◎印。

	"危険要因"と"現象（事故の型）"を想定して [～なので～して～になる] というように書く。
1	
2	
3	
4	
5	
6	
7	
8	
9	

第3ラウンド〈あなたならどうする〉"危険のポイント"◎印項目 を解決するための「具体的で実行可能な対策」を考える。
第4ラウンド〈私たちはこうする〉"重点実施項目"をしぼり込み ※印。さらにそれを実践するための"チーム行動目標"を設定する。

◎印No.	※印	具体策	◎印No.	※印	具体策
		1			1
		2			2
		3			3
		4			4
		5			5
チーム行動目標 ～するときは～して ～しよう ヨシ！			チーム行動目標 ～するときは～して ～しよう ヨシ！		
指差呼称項目			指差呼称項目		

上司（コーディネーター）コメント

表・1　KYT 基礎 4 ラウンド法の進め方

準備	1 チーム 5 〜 6 人	役割分担（リーダー、書記、レポート係、発表者、コメント係）模造紙・レポート用紙配付
導入	〔全員起立〕リーダー＝整列・番号、あいさつ、健康確認	
1R	現状把握 どんな危険がひそんでいるか	リーダー＝状況の読上げ "危険要因"と引き起こされる"現象（事故の型）" 「〜なので〜になる」、「〜して〜になる」 「〜なので〜して〜になる」　7 項目以上
2R	本質追求 これが危険のポイントだ	(1) 重要と思われる項目→○印 (2) ○印項目→しぼり込み　2 項目程度 　　→◎印・アンダーライン＝危険のポイント (3) 危険のポイント＝指差唱和 　　リーダー「危険のポイント　〜なので〜して〜になる　ヨシ！」→全員「〜なので〜して〜になる　ヨシ！」
3R	対策樹立 あなたならどうする	危険のポイントに対する具体的で実行可能な対策 →　各 3 項目程度　（全体で 5 〜 7 項目）
4R	目標設定 私たちはこうする	(1) しぼり込み　2 項目程度 　　→※印・アンダーライン＝重点実施項目 (2) 重点実施項目→チーム行動目標設定 (3) チーム行動目標→指差唱和 　　リーダー「チーム行動目標（〜するときは）〜を〜して〜しよう　ヨシ！」→全員「（〜するときは）〜を〜して〜しよう　ヨシ！」
確認	(1) 指差呼称項目設定　1 項目 →　リーダー「指差呼称　○○　ヨシ！」→全員「○○　ヨシ！」(3 回唱和) (2) タッチ・アンド・コール 　　リーダー「ゼロ災でいこう　ヨシ！」→全員「ゼロ災でいこう　ヨシ！」	
発表コメント	2 チームペアで相互コメント	発表者→ 1R 〜 4R 流して読む コメント係→相手チームの発表についてコメント

モデルシート

〈どんな危険がひそんでいる〉

KYT基礎4R法

サンドペーパーがけ

状　況

　あなたは、外部非常階段の扉の部分塗装を行うためペーパーがけをしている。

表・2　モデルシートから危険予知訓練レポートを作成した例

危険予知訓練レポート（例）

シートNO. サンドペーパーがけ	とき		ところ	

チームNO.・サブチーム	チーム・ニックネーム	リーダー	書記	レポート係	発表者	コメント係	その他のメンバー
—							

第1ラウンド〈どんな危険がひそんでいるか〉潜在危険を発見・予知し、"危険要因"とそれによって引き起こされる"現象"を想定する。
第2ラウンド〈これが危険のポイントだ〉発見した危険のうち、「重要危険」に○印、さらにしぼり込んで、とくに重要と思われる"危険のポイント"に◎印。
"危険要因"と"現象（事故の型）"を想定して［～なので～して～になる］というように書く。

① 扉を半開きにしてペーパーがけしているとき、風にあおられ扉が閉まり、押さえている左手をはさまれる

◎② 踏み台が手すりに近く、腰の位置が高いので、降りようとしてよろけたとき、手すりを越えて落ちる

3 扉を半開きにしてペーパーがけしているとき、風にあおられ扉が動き、踏み台がぐらついて踏み外してころぶ

4 ペーパーがけしながら、足の位置を変えようとして、踏み台を踏み外してころぶ

⑤ 扉を閉めてペーパーがけしているとき、内側から扉を押し開けられてころぶ

◎⑥ 顔に近づけてペーパーがけしているので、風で粉が飛び散り、目に入る

7 後ろ向きで踏み台から降りたとき、そばにある塗料缶をけとばし、下の人に当たる

8

9

第3ラウンド〈あなたならどうする〉"危険のポイント"◎印項目を解決するための「具体的で実行可能な対策」を考える。
第4ラウンド〈私たちはこうする〉"重点実施項目"をしぼり込み ※印。さらにそれを実践するための"チーム行動目標"を設定する。

◎印No.	※印	具体策	◎印No.	※印	具体策
2	※	1 踏み台を壁側に寄せる	6		1 ゴーグル着用
		2 踏み台を開いた扉の内側に置く		※	2 風上で作業する
		3 安全帯着用。手すりにかける			3 顔を遠ざけ、眼の位置より下でかける
		4			4
		5			5
チーム行動目標 ～するときは～して ～しよう ヨシ！		踏み台を使うときは、踏み台を壁側に寄せて置こう ヨシ！	チーム行動目標 ～するときは～して ～しよう ヨシ！		ペーパーがけをするときは、風上に立って行おう ヨシ！
指差呼称項目		踏み台位置 壁側 ヨシ！	指差呼称項目		立ち位置 風上 ヨシ！

上司（コーディネーター）コメント

〈参考文献〉
「ゼロ災運動推進者ハンドブック」（中央労働災害防止協会編）

問題

【8の字展開法の概念図】を見て、〔設問1〕〜〔設問4〕に解答しなさい。

【8の字展開法の概念図】

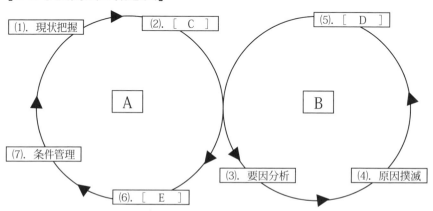

〔設問1〕

A、Bの管理の名称として、もっとも適切な選択肢を選びなさい。

Aの管理の名称： ⑨　　　　Bの管理の名称： ⑩

<⑨〜⑩の選択肢>

　ア．作業管理　　　　イ．維持管理　　　　ウ．状態管理

　エ．改善管理　　　　オ．設備管理　　　　カ．時間管理

〔設問2〕

A、Bの管理の重点ポイントとして、もっとも適切な選択肢を選びなさい。

Aの管理の重点ポイント：⑪　　Bの管理の重点ポイント：⑫

<⑪～⑫の選択肢>

- ア．決め事を確実に守る
- イ．故障が発生してから決め事を設定する
- ウ．決め事が守られているか監視する
- エ．決め事の抜け・甘さを追求する
- オ．行動前に決め事を設定する
- カ．時期によって決め事を変える

〔設問 3〕

C、D、Eに当てはまる項目の組み合わせとして、もっとも適切な選択肢を選びなさい。　⑬

<⑬の選択肢>

- ア．C：条件設定　　D：条件改善　　E：復元
- イ．C：条件設定　　D：復元　　　　E：条件改善
- ウ．C：復元　　　　D：条件設定　　E：条件改善
- エ．C：復元　　　　D：条件改善　　E：条件設定

〔設問 4〕

下記の各項目で行う活動の例として、もっとも適切な選択肢を選びなさい。

- ・「(1)．現状把握」の活動例　→　⑭
- ・「(3)．要因分析」の活動例　→　⑮
- ・「(4)．原因撲滅」の活動例　→　⑯

<⑭〜⑯の選択肢＞

ア．決め事の不具合を摘出し、復元・改善を実施する

イ．ルールの見直しを行う

ウ．良品を作るための条件や、基準となる設定値の検証を行う

エ．条件の変化を記録する

オ．工程にある作業標準や、点検基準などの決め事を洗い出し、確認する

カ．改善した結果で QM マトリックスの改訂を行う

解答と解説　品質保全

解答

設問1		設問2		設問3	設問4		
⑨	⑩	⑪	⑫	⑬	⑭	⑮	⑯
イ	エ	ア	エ	ウ	オ	ウ	ア

解 説

①品質保全の定義

　設備状態によって品質が左右される場合、「不良の出ない設備条件や製造条件を探り出し、その条件の変化の傾向を管理し、不良の発生する可能性を前もってつぶす」という、予防的な対策を打つことが必要になります。このような予防的な対策を実践できる体制が品質保全であり、次のように定義することができます。

　品質の全き（100％良品の状態）を保つために、

・品質不良の出ない設備を目指して、「不良ゼロ」の条件を設定し、

・その条件を基準値以内に維持することによって品質不良を予防し、

・その条件を時系列的に点検・測定し、測定値の推移を見ることによって
　品質不良発生の可能性を予知して、事前に対策を打つ

　この定義に基づいて品質保全活動を展開するためには、**表・3** に示す5つの具体的活動を実践することが求められます。

表・3　品質保全の具体的な活動

定　　義	実施項目
(1)品質不良の出ない設備（製造工程）を目指して不良ゼロの条件を設定し	条件設定
(2)その条件を時系列的に点検・測定するとともに	日常・定期点検
(3)その条件を基準値以内に維持することによって品質不良を予防し	品質予防保全
(4)測定値の推移を見ることによって、品質不良発生の可能性を予知し	傾向管理・予知保全
(5)事前に対策を打つ	事前対策

(1) 品質不良の出ない設備（製造工程）を目指して不良ゼロの条件を設定する

100％良品の状態を保つために、設備・材料・人・方法（4M）に関するどのような条件項目を、どれだけの基準値内に維持すべきかを明確にします。

(2) 条件を時系列的に点検・測定する

設備機能低下につながる原因系の異常を、結果が悪くなる前に発見するために、条件項目の値が基準値内にあるか、日常・定期点検によって確認します。

(3) 条件を基準値内に維持し、品質不良を予防する

不良を防ぐためには、機能を強制劣化させないために、基本条件の整備などの予防的措置をとります。

(4) 測定値の推移を見て、品質不良発生の可能性を予知する

不良ゼロの条件は、それが基準値を超えれば不良発生の可能性があることを示しています。したがって、劣化のメカニズムを理解し、傾向管理に

よって劣化スピードを予測して、条件が基準値を超える可能性を予知することが必要です。

（5）事前に対策を打つ

不良発生の可能性が予知できた時点で設備を止め（もしくは、定期整備などの計画的な機能復元により）、事前に対策を実施することで、不良が出ることによって発生する損失を未然に防止することができます。

品質保全に基づく具体的な活動内容は、**図・4** のように表すことができます。

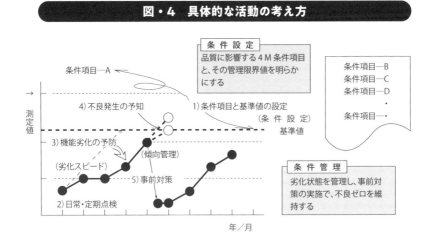

図・4　具体的な活動の考え方

② 品質保全の展開手順

品質保全体制を整備するために、品質保全展開の 7 ステップを基本に、維持管理と改善管理の両面から「工程で品質をつくり込む体制」を整備しようとする「8 の字展開法」があります。

この「8 の字展開法」の 7 ステップの内容と展開ステップの概要を示したものが**図・5** です。

図・5　8の字展開法の7ステップ

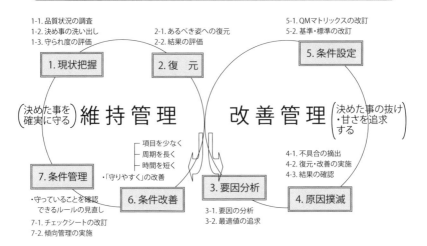

1-1. 品質状況の調査
1-2. 決め事の洗い出し
1-3. 守られ度の評価

2-1. あるべき姿への復元
2-2. 結果の評価

5-1. QMマトリックスの改訂
5-2. 基準・標準の改訂

1. 現状把握　　**2. 復　元**

5. 条件設定

（決めた事を確実に守る）**維 持 管 理**　　**改 善 管 理**（決めた事の抜け・甘さを追求する）

― 項目を少なく
― 周期を長く
― 時間を短く
・「守りやすく」の改善

4-1. 不具合の摘出
4-2. 復元・改善の実施
4-3. 結果の確認

7. 条件管理　　**6. 条件改善**　　**3. 要因分析**　　**4. 原因撲滅**

・守っていることを確認できるルールの見直し
7-1. チェックシートの改訂
7-2. 傾向管理の実施

3-1. 要因の分析
3-2. 最適値の追求

●ひと口メモ●

　海外でTPM活動を進めている工場では、この「8の字展開法」を Infinity Loop（インフィニティ・ループ）として展開しているところもあります。無限大のマーク（∞）に似ているので、ぴったりした名称ともいえます。

自主保全活動支援ツール

問題

・・

【活動板のねらい】【活動板の運用におけるポイント】【活動板の効果】を見て、〔設問1〕に解答しなさい。

【活動板のねらい】

　自主保全が目指すものは、真に設備に強いオペレーターの育成であり、そのようなメンバーからなる強い小集団を育成することによって、活気ある職場づくりを達成することです。

　小集団が成立するためには、 ⑰ の3つの条件を整えることが大切です。したがってサークル全員が、自らの意識・知識・技能などを向上させるため、たゆまぬ努力が必要です。

【活動板の運用におけるポイント】

(1). 活動計画・目標と現在までのサークル活動経過と効果・成果を ⑱ ように示す

(2). P・Q・C・D・S・M・Eがわかるように ⑲ などを使って表示する

(3). ⑳ が互いに活動内容をよく理解できるように掲示する

(4). ㉑ を行う場所、朝礼場所などに設置する

(5). ステップ診断時、活動板の前で掲示してある資料の説明をする

【活動板の効果】

・管理者、他サークルのメンバー等、誰でも活動板を見れば、そのサークルの活動状況がわかる

・管理者にとって部下の指導に必要な活動進捗状況、レベル、問題点を知

る確実な資料である

・すぐれた改善案や ㉒ は、他のサークルへの水平展開の参考資料となる

〔設問1〕

空欄 ⑰ ～ ㉒ に当てはまる語句として、もっとも適切な選択肢を選びなさい。

＜⑰～㉒の選択肢＞

```
ア．やる気・やる腕・やる場          イ．ミーティング
ウ．ワンポイントレッスン            エ．目で見てわかる
オ．絵・図・グラフ                 カ．サークルメンバー
キ．現地・現物・現象               ク．PDCA
ケ．定常作業                      コ．非定常作業
サ．修正できる     シ．第三角法    ス．外部業者
```

【活動板の活用例】を見て、〔設問 2〕～〔設問 3〕に解答しなさい。

【活動板の活用例】

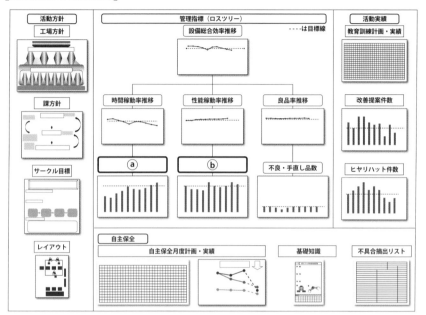

〔設問 2〕

掲示物ⓐ、ⓑが示す内容として、もっとも適切な選択肢を選びなさい。

㉓

<㉓の選択肢>

ア．ⓐ：刃具交換件数　　ⓑ：段取り回数

イ．ⓐ：故障件数　　　　ⓑ：段取り回数

ウ．ⓐ：故障件数　　　　ⓑ：チョコ停件数

エ．ⓐ：チョコ停件数　　ⓑ：刃具交換件数

〔**設問 3**〕

　エフ付け、エフ取りの状況を確認するための掲示物として、もっとも適切な選択肢を選びなさい。

㉔

< ㉔**の選択肢** >

ア．ヒヤリハット件数　　　　イ．改善提案件数

ウ．不具合摘出リスト　　　　エ．時間稼動率推移

解答と解説　自主保全活動支援ツール

解答

設問1						設問2	設問3
⑰	⑱	⑲	⑳	㉑	㉒	㉓	㉔
ア	エ	オ	カ	イ	ウ	ウ	ウ

解　説

〔設問 1〕

　自主保全を円滑に推進するためには、サークル活動の活性化が必要であり、そのためには、やる気・やる腕・やる場の 3 つの条件を整えることが重要です。この 3 つの条件を整えるための道具が、自主保全活動の支援ツールです。

　自主保全活動の支援ツールは大きく分けると、以下の 3 つがあります。

　①各サークルや個人が目的達成のために使うツール

　②推進側が活動の進め方・手順などをわかりやすく解説するもの

　③活性化のために使うツール

　自主保全活動を行ううえで必ず使用するものは、「活動板」「ワンポイントレッスン」「ミーティング」の 3 つ（3 種の神器）を指しますが、この他にも多数あるので自社に合ったツールを活用することが望まれます

①活動板

　活動板は、自主保全活動と現場管理（生産状態）の P－D－C－A がわかる可視化のツールです。

　上位方針を受け、その実現のために自分たちのサークルが「今何をしなければならないのか」「どんな問題を抱えているのか」「それをどう解決し

ていこうとしているのか」といったことを明確にするための道具です。したがって、単に結果や伝達事項の掲示板であってはなりません。

　活動板は、今後の課題を誰が見てもわかるようにし、サークル員全員で認識することが重要です。活動板は、サークル員の集まる場所に設置して、ミーティングで十分に活用します。また、自主保全活動のプログラム、スケジュール、進捗状況、成果、個別改善、サークル独自の内容掲示など、活動内容を職場の所定の場所に掲示します（**図・6**）。

図・6　TPM活動板の例

活動方針	管理指標			故障	個別改善	
全社方針 課方針	時間当たり出来高	時間		段取り		テーマ No.1
サークル方針（自分の職場）	設備総合効率	性能		金型故障	テーマ 1 ********* 2 ******* 3 **********	テーマ No.2
サークル目標（自分の職場）	生産性	不良率		チョコ停		テーマ No.3
全体計画（日程）	自主保全（今進めている対象の）				成果他	
	・ありたい姿 ・目標		日程表 3ヵ月		教育実績	
サークルの担当レイアウト ・全体 ・今進めている対象 ・メンバー	活動時間		エフ付け エフ取り		提案件数	ヒヤリハット
不具合リスト	ワンポイントレッスン	活動報告書		エフ		

・活動板のねらいと運用

a. 活動計画・目標と現在までのサークル活動経過と効果・成果を目で見てわかるように示す（活動達成度や活動進捗の可視化）

b. 生産性（P）・品質（Q）・コスト（C）・納期（D）・安全衛生（S）・作業意欲（M）・環境（E）がわかるように、絵・グラフなどを使って表示する

c. サークルメンバーが互いに活動内容をよく理解できるように掲示する

d. サークルミーティングを行う場所、朝礼場所などに設置する

e. ステップ診断時、活動板の前で掲示してある資料の説明をする

問題

解答と解説

ワンポイント

・活動板の効果

a. 管理者、他サークルのメンバー、誰でも活動板を見れば、そのサークルの活動状況がわかる

b. 管理者にとって、部下の指導に必要な活動進捗状況、レベル、問題点を知る確実な資料である

c. すぐれた改善案やワンポイントレッスンは他サークルへの水平展開の参考資料となる

〔**設問 2**〕

図・7 にあるよう、時間稼動率を求めるときの停止ロスと性能稼動率を求めるときの性能ロスの内容は、つぎのようになります。

```
時間稼動率：停止ロス ──┬── 故障ロス
                      ├── 段取・調整ロス
                      ├── 刃具交換ロス
                      ├── 立上がりロス
                      └── その他のロス


性能稼動率：性能ロス ──┬── チョコ停・空転ロス
                      └── 速度低下ロス
```

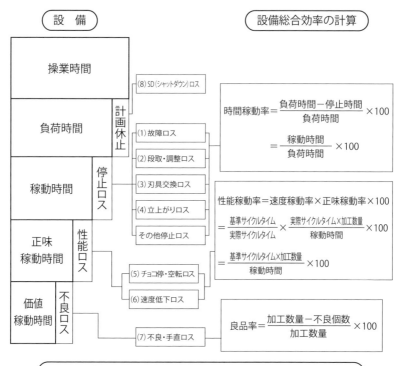

図・7　設備総合効率の求め方

設　備

設備総合効率の計算

操業時間

(8) SD（シャットダウン）ロス

負荷時間

計画休止

(1) 故障ロス

$$時間稼動率 = \frac{負荷時間 - 停止時間}{負荷時間} \times 100$$

$$= \frac{稼動時間}{負荷時間} \times 100$$

(2) 段取・調整ロス

稼動時間

停止ロス

(3) 刃具交換ロス

(4) 立上がりロス

その他停止ロス

正味稼動時間

性能ロス

$$性能稼動率 = 速度稼動率 \times 正味稼動率 \times 100$$

$$= \frac{基準サイクルタイム}{実際サイクルタイム} \times \frac{実際サイクルタイム \times 加工数量}{稼動時間} \times 100$$

$$= \frac{基準サイクルタイム \times 加工数量}{稼動時間} \times 100$$

(5) チョコ停・空転ロス

(6) 速度低下ロス

価値稼動時間

不良ロス

(7) 不良・手直しロス

$$良品率 = \frac{加工数量 - 不良個数}{加工数量} \times 100$$

設備総合効率（%）＝時間稼動率×性能稼動率×良品率

〔設問3〕

②エフ

エフ（絵符）とは「絵札」のことで、設備の不具合を摘出するごとに不具合個所、設備部位に取り付けるものです。エフは、品質・安全・保全性の悪い場所にも取り付けます。

また、どこにどのような不具合があるか、その場所と処置内容を忘れないために、不具合個所に日付や発見した人の名前、不具合の内容を記入して取り付けるのが基本です。なお、このエフ付け・エフ取りは、不具合顕

在化のツールとして永遠に継続すべきで、エフの活用を含め、この考え方を会社の仕組みとして残すことが大切です。

　発見した不具合は、不具合リスト（**表・4**）に記入します。自分たちで直せる不具合には白エフ、他部門に依頼するものには赤エフを付けます。

表・4　不具合リストの例

設備名　　ユニット名

No.	発見日	発見者	不具合項目	なぜ不具合なのか（放置するとどうなるか?）	不具合の原因	対策内容	エフ区分	実施者	予定日	完了日

総点検

問題

・・

【総点検の展開手順】を見て、〔設問1〕〜〔設問4〕に解答しなさい。

【総点検の展開手順】

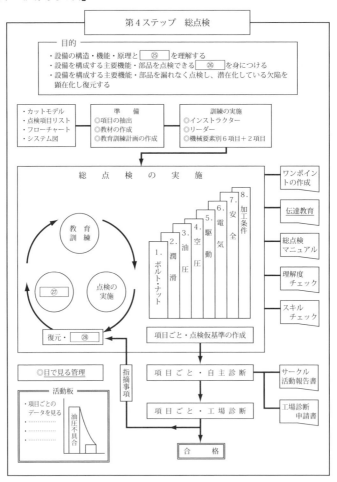

〔**設問 1**〕

空欄 ㉕ ～ ㉘ に当てはまる語句として、もっとも適切な選択肢を選びなさい。

＜㉕～㉘の選択肢＞

ア．機能停止　　　イ．分解手順　　　ウ．結果の歯止め

エ．段取り　　　　オ．改善　　　　　カ．維持

キ．本基準書の作成　ク．技能　　　　ケ．あるべき姿

コ．互換性

〔**設問 2**〕

総点検対象物に対する目で見る管理の例として、適切ではない選択肢を選びなさい。 ㉙

＜㉙の選択肢＞

ア．ファンの前面に風車を取り付ける

イ．Ｖベルトを用いた設備のケーシングに、ベルトの型式と回転方向を表示する

ウ．ルブリケーターの前後に回転計を設置する

エ．リリーフ弁のロックナットに合マークをつける

〔**設問 3**〕

伝達教育を行う際のポイントとして、もっとも適切な選択肢を選びなさい。 ㉚

<㉚の選択肢>

ア．自分が教わった内容を、全く同じ形でそのまま伝えること
　　を心がける

イ．仕事の一部であるので、楽しみながら勉強するようなやり
　　方は避ける

ウ．実際に設備には触れさせず、座学での教育とする

エ．既存のテキストだけに頼らず、自分たちの職場に合った教
　　材をつくる

〔設問4〕

総点検実施の効果例として、もっとも適切な選択肢を選びなさい。

㉛

<㉛の選択肢>

ア．清掃時間の増加　　　　　　イ．災害度数率の上昇

ウ．チョコ停の低減　　　　　　エ．自然劣化個所の減少

解答と解説　総点検

解答

設問1				設問2	設問3	設問4
㉕	㉖	㉗	㉘	㉙	㉚	㉛
ケ	ク	ウ	オ	ウ	エ	ウ

解　説

①総点検の目的

　自主保全展開における第1〜第3ステップでは、「強制劣化の排除」と「基本条件の整備」を重点にして、設備の不具合を摘出し、発生源・困難個所対策を行い、清掃・点検・給油の基準を作成してきました。これらの活動を通して設備の強制劣化を排除し、「不具合を不具合として見る目」を養い、「設備改善の考え方・進め方」を身につけることができました。

　第1〜第3ステップでは、五感による感覚的な不具合の摘出が中心でしたが、第4ステップではさらに一歩踏み込んで、自分たちの設備の機能・構造をよく理解して、設備に関する知識を学び、理屈に裏づけられた日常点検を行えるようになることが目的です。

　また、点検にあたっては、故障、不良などの慢性ロスを発生させている微欠陥を重要視し、確実な不具合発見と対策を行うことが大切です。そのためには、総点検の活動を通して故障・不良を事前に予知するための「劣化を測る」技能を修得することが求められます。

　図・8に総点検の進め方の概要を示します。

②総点検のねらい

(1) 設備面のねらい

　締結、駆動、電気、油・空圧などを総点検項目に選び、項目ごとにオペレーターは伝達教育方式で総点検教育を受け、設備の構造、機能、点検方法、劣化の判定基準を学びます。

　次に、設備を点検しながら、発見した劣化を復元し、不具合個所を改善します。また、点検の容易性を図るために、目で見る管理を工夫して点検困難個所を改善します。この成果を盛り込んで、項目ごとに点検基準を作成し、劣化が復元された状態を日常点検で確実に維持できるようにします。

(2) 人間面のねらい

　総点検教育で点検技能、簡単な保全技能を身につけ、部品の劣化、設備の異常を発見できるオペレーターを養成します。

　総点検をしながら、教育と実践によって「設備に強いオペレーター」になるための基盤を固めます。第4ステップの総点検項目は、2〜3ヵ月ごとに短い周期でサブステップを繰り返し、オペレーターの自主管理能力をさらに高めることをねらいとしています。

(3) 指導と援助のポイント

　総点検マニュアル・教材を準備し、総点検教育を行い「目で見る管理・点検困難個所改善」を教え、点検データの取り方、まとめ方、解析の仕方・取扱い方を教えます。

図・8　第 4 ステップの進め方のフロー

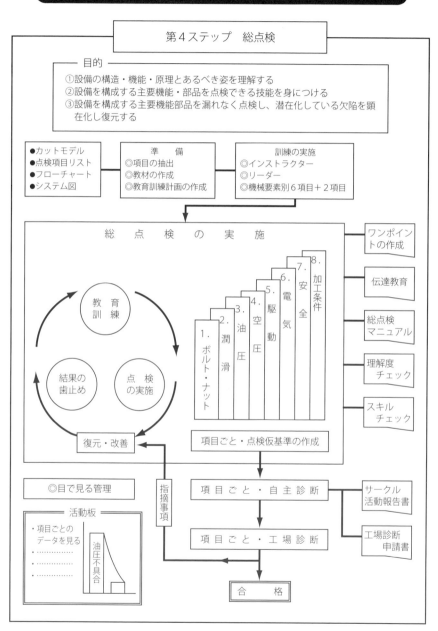

③総点検の進め方

設備に強いオペレーターになるためには、各設備に共通した項目や、ユニットの基礎的なことを学ぶ必要があります。この第4ステップでは、機械要素・潤滑・空圧・油圧・電気・駆動・設備安全・加工条件などの項目について、基礎的なことの教育を受け、それをもとに点検し、不具合を発見する技能を身につけていきます。そのために次のように進めていきます。

（1）基礎的なことの教育を受ける（リーダークラス）

（2）オペレーターに伝達する

（3）学んだことを実践し不具合を発見する

（4）目で見る管理を推進する

第4ステップの展開は**図・9**に示す展開手順を基本に進めていきます。

図・9　第4ステップの展開手順

段階	手順	担当	備考
総点検教育訓練の準備	総点検項目の抽出	・保全スタッフ	（ボルト・ナット、潤滑、空圧、油圧、駆動、電気 他）
	総点検教育訓練教材の準備	・保全スタッフ	総点検チェックシート／総点検マニュアル
	総点検教育訓練スケジュールの立案	・保全スタッフ／・現場管理職	（カットモデル掛図、スライド 他）
総点検教育訓練の実施	サークルリーダー教育の実施	・保全スタッフ	
	サークルメンバーへの伝達教育の準備	・サークルリーダー／・現場管理者	
	サークルメンバーへの伝達教育実施	・サークルリーダー	（モデル設備の総点検）
総点検の実施	総点検の実施	・サークルメンバー	（全設備の総点検）
	サークル・ミーティング不具合リスト・対策立案	・サークルメンバー	不具合点リスト／劣化個所／点検困難個所
	不具合項目の改善実施	・サークルメンバー／・保全部門担当者	
総点検項目ごとの歯止め	日常点検仮基準の作成	・サークルメンバー	仮基準（項目ごとに作成）
	点検スキル・チェック	・サークルリーダー	スキルチェック表／テスト（やらせてみよう）
	自主診断と受診申請	・サークルリーダー	
	診断実施	・現場管理者／・保全スタッフ	
	指摘事項の処置	・サークルメンバー／・保全部門担当者	

次の総点検項目へ（1項目約2～3ヵ月のサイクル）

④総点検の効果測定

　総点検の目的は、理屈に裏付けられた不具合の摘出にあり、技能を身に
つけ、復元・改善の件数も多くなります。点検個所が多くなるので、時間
のかかる場所や点検困難個所の改善を進めることも必要になります。

　同時に目で見る管理の活用が重要です。効果測定では、点検動作の効率
も定量的につかむことや、金額の評価に置き換えることも必要です。

（1）定量効果（例）

①プロセス効果（活動をしながら見える効果）

・各点検項目の不具合摘出件数
・残された発生源・困難個所改善件数
・エフ付け、エフ取り件数
・目で見る管理（時間、動作、誤認識、わかりやすさ）
・自サークルで行った改善率
・重大な欠陥の発見事例件数
・改善ノウハウ・ワンポイントレッスン作成件数
・点検困難個所改善件数
・見つけてよかった事例

②アウトプット効果（活動板への表示）

・清掃時間の短縮
・各項目の点検時間の短縮
・チョコ停の低減・故障の低減

（2）定性効果（例）

・点検が短時間でラクになり、管理しやすい設備になった
・目で見る管理で点検を見逃さず保全性がよくなった
・改善が自分でできるようになった
・仮基準書作成能力が身についた

・理屈に裏付けられた点検ができるようになった

この他にも多数ありますが、自社に適用した評価モードを採用して活動を進めることが大切です。

⑤目で見る管理

(1) 目で見る管理のねらい

目で見る管理を進めるねらいは、生産システム上の管理対象が、現在、正常か異常かを誰が見ても明確に判断できる状態にすることです。簡単にチェックできる状態をつくることによって、故障・チョコ停などの結果系の異常ではなく、『ロスが発生しそうだ』という「おかしい、あやしい」レベルの原因系の異常を発見し、迅速な復元・改善をして、常に正常な状態を維持できるようにします。

(2) 目で見る管理の進め方

①条件整備

目で見る管理の対象項目の抽出と、正常・異常の判断基準、およびその判定周期・担当・処置を決め、目で見てわかる工夫（シール・ランプ表示・色別表示など）の基準化が必要となります。

「自分の設備は自分で守る」を実践する際に、点検（清掃）・給油のしやすさ、ゆるみ、ガタ、圧力などの異常の発見しやすさが目で見てわかるように工夫する必要があります。また、目で見る管理により『安く、ラクに、楽しく、正しく、早く』を目指します。その具体例を表・5に示します。表・5の下図は「目で見る管理の改善例」です。

②目で見る管理の展開

この活動は、ステップアップとともに充実させ、第4ステップ「総点検」で確実なものにするのが一般的な進め方で、さらに、道具・工具、給油関連の容器・治具・金型、計測器類、刃具についても進めていきます。

目で見る管理の工夫はできたが、圧力計の指示値が許容範囲を大幅に超

えていたり、合マークがズレているのを放置するなど、行動が伴わない活動にならないよう、根気よく異常を異常として見抜き、正常な状態に復元していく真の活動を展開することが大切です。

表・5　目で見る管理の対象項目例

空圧関係	・設定圧力表示 ・ルブリケーターの滴下量表示 ・ルブリケーターの上限、下限表示 ・ソレノイドの用途銘板 ・配管接続表示（イン、アウト）	潤滑関係	・給油口の色別表示 ・油種ラベルと周期表示 ・単位あたりの油消費量の表示 ・オイルジョッキーの油種別ラベル表示 ・油面の上限、下限のラベル表示
油圧関係	・設定圧力の上限、下限ラベル表示 ・油面計ラベル表示と周期表示 ・油種のラベル表示 ・給油口の色別表示 ・油圧ポンプのサーモラベル ・ソレノイドの用途銘板 ・リリーフ弁のロックナットの合マーク	機械要素関係	・点検済みのマークと合マーク ・保全が点検するボルト、ナットの色別表示（青マーク） ・不要ボルト穴（未使用のもの）の色別表示（黄マーク）
		電気関係	・モーター冷却ファン回転表示風車取付け ・制御盤内の温度・湿度管理用ファン取付け ・モーターのサーモラベル ・モーターの回転方向表示
駆動関係	・Ｖベルト、チェーンの型式表示 ・プーリー、スプロケットの型式表示 ・Ｖベルト、チェーンの回転方向表示 ・点検用窓の設置	その他	・点検順路表示 ・機器の動作表示

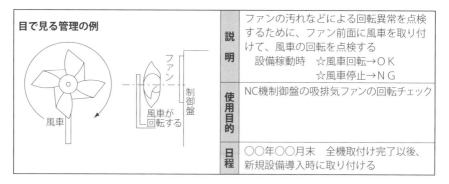

目で見る管理の例	説明	ファンの汚れなどによる回転異常を点検するために、ファン前面に風車を取り付けて、風車の回転を点検する 　設備稼動時　☆風車回転→ＯＫ 　　　　　　　☆風車停止→ＮＧ
	使用目的	NC機制御盤の吸排気ファンの回転チェック
	日程	○○年○○月末　全機取付け完了以後、新規設備導入時に取り付ける

⑥伝達教育

①伝達教育の重要性

　教育訓練の実施には伝達教育方式がもっとも効果的です。伝達教育とは、まずサークルリーダーが保全スタッフから教育を受け、サークルリーダー

はそれをサークルの場に持ち帰って自ら先生となり、習ったことをメンバーに伝達するという方式です。

②サークルリーダー教育の実施

　サークルリーダーへの教育を担当する保全スタッフは、リーダーによく理解させるというだけではなく、サークルへの伝達教育がうまくできるように、伝達教育の重点を図などにわかりやすく示し、その教え方についても念入りに指導します。

③伝達教育の準備

　リーダーは、リーダー教育の内容をそのまま伝達するのではなく、自らサークルの分担設備に密着した教育内容になるよう、上司を交えて重点を定め教材を準備し、効果的な教育方法を具体的に計画する必要があります。

④総点検教育におけるワンポイントレッスンの活用

　リーダーからオペレーターへの伝達教育には、ワンポイントレッスンを活用します。基礎知識の教育においては、既存のテキストだけに頼らず、自分たちの職場の設備に合った教材をつくる必要があります。このためには、総点検教育をサポートするスタッフや保全部門が準備する基礎知識の教材の段階から、ワンポイントレッスンの形式で作成することが重要です。

⑤伝達教育の実施

　伝達教育では、座学だけではなく、サークル全員で分担設備の一部を実際に総点検します。ミーティングを重ね、疑問点を実際の設備を通して明らかにし、理解できない事柄を残さないようにすることが大切です。

⑥勉強する楽しさの工夫

　教育の効果をあげるためには、楽しみながら勉強できるような工夫をします。たとえば、簡単なユニットを分解してみる、現場の具体的なトラブル事例を教材にする、ゲームの要素を取り入れてチームを編成して不具合発見の競争をさせる、などが効果をあげる方法として有効です。

【選択 A】
設備総合効率（加工・組立）

問題

【A 社工場の操業データ】【2021 年度下期と 2022 年度上期の操業データの比較結果】を見て、〔設問 1〕～〔設問 5〕に解答しなさい。

【A 社工場の操業データ】

	2021年度下期	2022年度上期
1日の操業時間	460 分	520 分
1日の計画休止時間	55 分	55 分
1日の停止時間	38 分	70 分
1日の加工数量	270 個	320 個
1日の不良個数	16 個	13 個
基準サイクルタイム	1.1 分／個	1.1 分／個
実際サイクルタイム	1.2 分／個	1.2 分／個

【2021 年度下期と 2022 年度上期の操業データの比較結果】

　A 社工場は、客先からの受注量が増加したため、2022 年度上期より、暫定的な対策として、残業（60 分）による対応で、生産量をアップさせた。

　時間稼動率、性能稼動率、良品率の 3 つの指標を 2021 年度下期と比べると、2022 年度上期は、　㊱　が良化、　㊲　が悪化し、結果的に設備総合効率は　㊳　した。

　残業を行うことだけでなく、更に生産性を高めるために、今後は、　㊲　の悪化につながる　㊴　ロスの低減を目標として、改善活動を進めることとした。

〔設問 1〕

2022年度上期の稼動時間として、もっとも適切な選択肢を選びなさい。

32

<32の選択肢>

ア．395 分　　イ．450 分　　ウ．465 分　　エ．500 分

〔設問 2〕

2022年度上期の速度稼動率として、もっとも近い数値の選択肢を選びなさい。

33

<33の選択肢>

ア．84.9 %　　イ．89.1 %　　ウ．91.7 %　　エ．97.2 %

〔設問 3〕

2022年度上期の正味稼動率として、もっとも近い数値の選択肢を選びなさい。

34

<34の選択肢>

ア．84.9 %　　イ．89.1 %　　ウ．91.7 %　　エ．97.2 %

〔設問 4〕

2022年度上期の設備総合効率として、もっとも近い数値の選択肢を選びなさい。

35

<**⑤の選択肢**>

ア．72.6 %　　イ．74.7 %　　　ウ．78.4 %　　　エ．83.1 %

〔**設問 5**〕

空欄　　⑥　　～　　⑨　　に当てはまる語句として、もっとも適切な選択肢を選びなさい。

<**⑥～⑨の選択肢**>

ア．時間稼動率と性能稼動率　　イ．時間稼動率と良品率

ウ．性能稼動率と良品率　　　　エ．時間稼動率

オ．性能稼動率　　　　　　　　カ．良品率

キ．良化　　　　　　　　　　　ク．悪化

ケ．性能　　　　　　　　　　　コ．停止

サ．不良

解答

設問1	設問2	設問3	設問4	設問5			
㉜	㉝	㉞	㉟	㊱	㊲	㊳	㊴
ア	ウ	エ	ア	ウ	エ	キ	コ

解 説

　設備総合効率は、時間稼動率、性能稼動率と良品率の3つを掛け合わせて求められます。その内容は**図・10**のとおりです。

図・10　設備総合効率の求め方

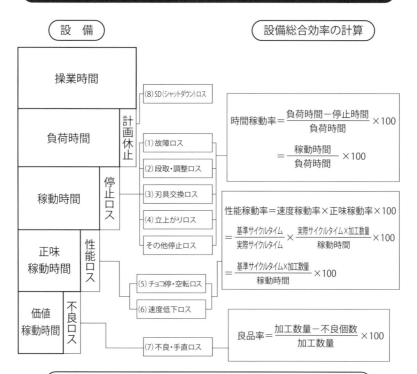

設備総合効率（%）＝時間稼動率×性能稼動率×良品率

課題から【A 社工場の操業データ】を次のように整理します。

表・6 で太枠（D、E、H）は計算して追加されている個所です。

表・6　A 社工場の操業データ整理

		2021年度下期	2022年度上期
A	1日の操業時間	460分	520分
B	1日の計画停止時間	55分	55分
C	1日の停止時間	38分	70分
D	1日の負荷時間（A−B）	460−55＝405分	520−55＝465分
E	1日の稼動時間（D−C）	405−38＝367分	465−70＝395分
F	1日の加工数量	270個	320個
G	1日の不良個数	16個	13個
H	1日の良品個数（F−G）	270−16＝254個	320−13＝307個
I	基準サイクルタイム	1.1分／個	1.1分／個
J	実際サイクルタイム	1.2分／個	1.2分／個

時間稼動率、性能稼動率、良品率の 3 つの指標を計算します。

【2022 年度上期】

時間稼動率（%）＝ E ／ D × 100 ＝ 395 ／ 465 × 100 ＝ 84.9

性能稼動率（%）＝ I × F ／ E × 100

= 1.1 × 320 ／ 395 × 100 ＝ 89.1

良品率（%）＝ H ／ F × 100 ＝ 307 ／ 320 × 100 ＝ 95.9

設備総合効率（%）＝時間稼動率×性能稼動率×良品率× 100 ＝ 72.5

速度稼動率（%）＝ I ／ J × 100 ＝ 1.1 ／ 1.2 × 100 ＝ 91.7

正味稼動率（%）＝ J × F ／ E × 100 ＝ 1.2 × 320 ／ 395 × 100

= 97.2

【2021 年度下期】の各指標を計算すると次のような数値になります。つぎに、各指標の数値を、【2022 年度上期】と比較して、良化／悪化の評価をしました（**表・7**）。

【2021年度下期】

時間稼動率（％）＝ E ／ D × 100 ＝ 367 ／ 405 × 100 ＝ 90.6

性能稼動率（％）＝ I × F ／ E × 100

$\qquad$ ＝ 1.1 × 270 ／ 367 × 100 ＝ 80.9

良品率（％）＝ H ／ F × 100 ＝ 254 ／ 270 × 100 ＝ 94.1

設備総合効率（％）＝時間稼動率×性能稼動率×良品率× 100 ＝ 69.0

速度稼動率（％）＝ I ／ J × 100 ＝ 1.1 ／ 1.2 × 100 ＝ 91.7

正味稼動率（％）＝ J × F ／ E × 100 ＝ 1.2 × 270 ／ 367 × 100

$\qquad$ ＝ 88.3

表・7　各指標の比較

	2021年度下期	2022年度上期	比較
時間稼動率	90.6％	84.9％	悪化
性能稼動率	80.9％	89.1％	良化
良品率	94.1％	95.9％	良化
設備総合効率	69.0％	72.5％	良化
速度稼動率	91.7％	91.7％	同じ
正味稼動率	88.3％	97.2％	良化
1日の停止時間	38分	70分	悪化（増加）

ワンポイント・アドバイス **1**

<この課題を解くポイント>

設問から 2022 年度上期の各指標は計算することになりますが、2021 年度下期の各指標の数値は要求されていません。

したがって、限られた試験時間にこの課題を解くには、次のように考えるとよいでしょう。

		2021年度下期	2022年度上期	推定
時間稼動率			操業時間の増分60分に対して、停止時間が約2倍（38→70分）、計画休止時間は同じ	2022年度上期は、悪化
性能稼動率				2022年度上期は、良化
	速度稼動率	同じ	同じ	同じ
	正味稼動率		分子の加工数量の増分50（320-270個）分母の稼動時間の増分28（395-367分）	分子の増分の方が多いので、2022年度上期は、良化
良品率			分子の加工数量の増分50（320-270個）分母の稼動時間の増分28（395-367分）	分子の増分の方が多いので、2022年度上期は、良化
設備総合効率				時間稼動率の悪化の程度によるが、性能稼動率と良品率の良化により、設備総合効率は目安として、2022年度上期は、良化

いずれにしてもこの課題は、試験時間を考慮するとタフな課題であるといえます。

One Point

ワンポイント・アドバイス2

　設備総合効率を求める計算式は、時間稼動率、性能稼動率（＝速度稼動率×正味稼動率）そして良品率の掛け算です。各計算式を並べて書いて、まとめると次のようになります。

設備総合効率の求め方

（設備総合効率の計算）

$設備総合効率(\%) = 時間稼動率 \times 性能稼動率 \times 良品率$

$$= 時間稼動率 \times 速度稼動率 \times 正味稼動率 \times 良品率$$

$$= \frac{稼動時間}{負荷時間} \times \frac{基準サイクルタイム}{実際サイクルタイム} \times \frac{実際サイクルタイム \times 加工数量}{稼動時間} \times \frac{加工数量 - 不良個数}{加工数量} \times 100$$

$$= \frac{稼動時間}{負荷時間} \times \frac{基準サイクルタイム \times 加工数量}{稼動時間} \times \frac{加工数量 - 不良個数}{加工数量} \times 100$$

$$= \frac{基準サイクルタイム \times (加工数量 - 不良個数)}{負荷時間} \times 100 = \frac{基準サイクルタイム \times 良品個数}{負荷時間} \times 100$$

$$= \frac{良品個数}{\frac{負荷時間}{基準サイクルタイム}} \times 100 = \frac{良品個数}{基準生産量} \times 100$$

　こうしてみると、設備総合効率というのは、負荷時間をそのまま生産に使えたときの基準生産量に対する実際の良品個数の割合といえます。

【選択 B】
プラント総合効率（装置産業）

問題

【B 社工場の操業データ】【2021 年度下期と 2022 年度上期の操業データの比較結果】を見て、〔設問 1〕～〔設問 5〕に解答しなさい。

【B 社工場の操業データ】

	2021年度下期	2022年度上期
1ヵ月の暦時間	720 時間	720 時間
1ヵ月の計画休止時間	30 時間	60 時間
1ヵ月の停止時間	60 時間	60 時間
理論生産レート	9.0 トン／時間	9.0 トン／時間
1ヵ月の生産量	4,754 トン	5,250 トン
1ヵ月の不良量	268 トン	213 トン

【2021 年度下期と 2022 年度上期の操業データの比較結果】

時間稼動率、性能稼動率、良品率の 3 つの指標を 2021 年度下期と比べると、2022 年度上期は、___㊱___ が良化、___㊲___ が悪化し、結果的にプラント総合効率は ___㊳___ した。

今後は、___㊲___ の悪化につながる ___㊴___ ロスの低減を検討することとした。

〔**設問 1**〕

2022年度上期の稼動時間として、もっとも適切な選択肢を選びなさい。

| ㉜ |

＜㉜の選択肢＞

> ア．600 時間　　イ．630 時間　　ウ．660 時間　　エ．690 時間

〔**設問 2**〕

2022年度上期の実際生産レートとして、もっとも近い数値の選択肢を選びなさい。

| ㉝ |

＜㉝の選択肢＞

> ア．8.0 トン／時間　　イ．8.4 トン／時間　　ウ．8.8 トン／時間
> エ．9.0 トン／時間

〔**設問 3**〕

2022年度上期の性能稼動率として、もっとも近い数値の選択肢を選びなさい。

| ㉞ |

＜㉞の選択肢＞

> ア．83.3 ％　　イ．88.9 ％　　ウ．93.2 ％　　エ．97.2 ％

〔**設問 4**〕

　2022年度上期のプラント総合効率として、もっとも近い数値の選択肢を選びなさい。　　　　　　　　　　　　　　　　　　　　　　㉟

<㉟の選択肢>

> ア．77.7 %　　イ．82.9 %　　ウ．85.3 %　　エ．93.2 %

〔**設問 5**〕

　空欄 ㊱ ～ ㊳ に当てはまる語句として、もっとも適切な選択肢を選びなさい。

<㊱～㊳の選択肢>

> ア．時間稼動率と性能稼動率　　　イ．時間稼動率と良品率
> ウ．性能稼動率と良品率　　　　　エ．時間稼動率
> オ．性能稼動率　　　　　　　　　カ．良品率
> キ．良化　　　　　　　　　　　　ク．悪化
> ケ．性能　　　　　　　　　　　　コ．休止・停止
> サ．品質

解答

設問1	設問2	設問3	設問4	設問5			
㉜	㉝	㉞	㉟	㊱	㊲	㊳	㊴
ア	ウ	エ	ア	ウ	エ	キ	コ

解説

　プラント総合効率は、時間稼動率、性能稼動率と良品率の 3 つを掛け合わせて求められます。その内容は**図・11**のとおりです。

図・11　プラント総合効率の求め方

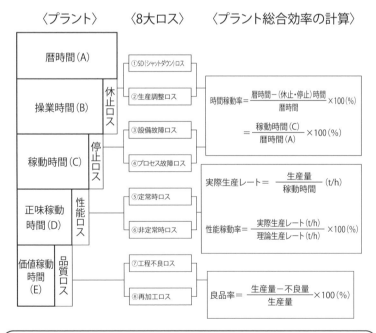

プラント総合効率（%）＝時間稼動率×性能稼動率×良品率

課題から【B 社工場の操業データ】を**表・8** のように整理します。

下表で太枠（D、F、I）は計算して追加されている個所です。

表・8　各データ比較

		2021年度下期	2022年度上期
A	1カ月の暦時間	720時間	720時間
B	1カ月の計画停止時間	30時間	60時間
C	1カ月の停止時間	60時間	60時間
D	1カ月の稼動時間（A−B−C）	630時間	600時間
E	理論生産レート	9.0トン/時間	9.0トン/時間
F	実際生産レート（G／D）	7.55トン/時間	8.75トン/時間
G	1カ月の生産量	4,754トン	5,250トン
H	1カ月の不良量	268トン	213トン
I	1カ月の良品量（G−H）	4,486トン	5,037トン

時間稼動率、性能稼動率、良品率の 3 つの指標を計算します。

【2022 年度上期】

時間稼動率（%）＝ D ／ A × 100 ＝ 600 ／ 720 × 100 ＝ 83.3

性能稼動率（%）＝ F ／ E × 100 ＝ 8.75 ／ 9.0 × 100 ＝ 97.2

良品率（%）＝ I ／ G × 100 ＝ 5037 ／ 5250 × 100 ＝ 95.9

プラント総合効率（%）＝時間稼動率×性能稼動率×良品率× 100

$\qquad\qquad$ ＝ 77.6

【2021 年度下期】の各指標を計算すると**表・9** のような数値になります。

つぎに、各指標の数値を、【2022 年度上期】と比較して、良化／悪化の

評価をしました。

【2021 年度下期】

時間稼動率（%）＝ D ／ A × 100 ＝ 630 ／ 720 × 100 ＝ 87.5

性能稼動率（%）＝ F ／ E × 100 ＝ 7.55 ／ 9.0 × 100 ＝ 83.9

良品率（%）＝ I ／ G × 100 ＝ 4486 ／ 4754 × 100 ＝ 94.4

プラント総合効率（%）＝時間稼動率×性能稼動率×良品率× 100

$$= 69.3$$

表・9　各指標の比較

		2021年度下期	2022年度上期	比較
時間稼動率		87.5％	83.3％	悪化
性能稼動率		83.9％	97.2％	良化
良品率		94.4％	95.9％	良化
プラント総合効率		69.3％	77.6％	良化
1カ月の休止・停止時間		90時間	120時間	悪化（増加）
	1カ月の計画休止時間	30時間	60時間	
	1カ月の停止時間	60時間	60時間	

ワンポイント・アドバイス 1

<この課題を解くポイント>

設問から 2022 年度上期の各指標は計算することになりますが、2021 年度下期の各指標の数値は要求されていません。

したがって、限られた試験時間にこの課題を解くには、次のように考えるとよいでしょう。

	2021年度下期	2022年度上期	推定
時間稼動率		暦時間は同じ。休止・停止時間が30時間（120-90）増加している。	2022年度上期は、悪化
性能稼動率		分母の稼働時間は、30時間減っている。分子の加工数量は増加している。	2022年度上期は、良化
良品率		生産量は増加して、不良量が減っている。	2022年度上期は、良化
設備総合効率			時間稼動率の悪化の程度によるが、性能稼働率と良品率の良化により、プラント総合効率は目安として、2022年度上期は、良化

いずれにしてもこの課題は、試験時間を考慮するとタフな課題であるといえます。

One Point

ワンポイント・アドバイス **2**

　　プラント総合効率を求める計算式は、時間稼動率、性能稼動率そして良品率の掛け算です。各計算式を並べて書いて、まとめると次のようになります。

> ### プラント総合効率の求め方

> プラント総合効率の計算

プラント総合効率（%）＝時間稼動率×性能稼動率×良品率

$$= \frac{稼動時間}{暦時間} \times \frac{実際生産レート}{理論生産レート} \times \frac{生産量-不良量}{生産量} \times 100$$

$$= \frac{稼動時間}{暦時間} \times \frac{生産量}{稼動時間} \times \frac{1}{理論生産レート} \times \frac{生産量-不良量}{生産量} \times 100$$

$$= \frac{生産量-不良量}{暦時間×理論生産レート} \times 100 = \frac{良品量}{暦時間×理論生産レート} \times 100$$

$$= \frac{良品量}{理論生産量} \times 100$$

　　こうしてみると、プラント総合効率というのは、暦時間をそのまま生産に使えたときの理論生産量に対する実際の良品量の割合といえます。

故障ゼロの考え方

問題

【故障ゼロへの 5 つの対策】を見て、〔設問 1〕に解答しなさい。

【故障ゼロへの 5 つの対策】

故障ゼロへの5つの対策	現場の状況の例
㊵	設備を点検しやすくなるように改造して、MP情報を設計部門へ共有した
㊶	Vベルトに亀裂があるのを見つけたため、交換した
㊷	リーダーがメンバーへ、設備の操作手順を教育した
㊸	潤滑油の点検基準に基づき、油量・油温・色などを点検したところ、油量が給油基準値まで減少していたため、給油した
㊹	設備の電流・電圧・温度・取付け条件などを確認し、決められた使い方で操作した

〔設問 1〕

空欄 ㊵ ～ ㊹ に当てはまる語句として、もっとも適切な選択肢を選びなさい。

<**④⑦~④④の選択肢**>

- ア．自然劣化を排除する
- イ．設計上の弱点を改善する
- ウ．劣化を復元する
- エ．強制劣化を排除する
- オ．使用条件を守る
- カ．5Sを徹底する
- キ．技能を高める
- ク．基本条件を整える

【寿命特性曲線】を見て、〔設問2〕に解答しなさい。

【寿命特性曲線】

　下図は、寿命特性曲線またはバスタブ曲線と呼ばれるものであり、設備の故障率を　⑮　に対して示したものである。時期によって、初期故障期、　⑯　期、　⑰　期の3つの期間に分類され、特に、⑰　期には、　⑱　の強化などの対策が有効である。

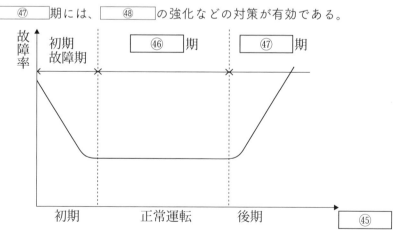

〔**設問 2**〕

空欄 ㊺ ～ ㊽ に当てはまる語句として、もっとも適切な選択肢を選びなさい。

＜㊺～㊽の選択肢＞

ア．老化故障　　　イ．強制故障　　　ウ．事後保全

エ．予防保全　　　オ．停止回数　　　カ．摩耗故障

キ．稼動時間　　　ク．偶発故障

解答

設問1					設問2			
㊵	㊶	㊷	㊸	㊹	㊺	㊻	㊼	㊽
イ	ウ	キ	ク	オ	キ	ク	カ	エ

解 説

〔**設問1**〕

①故障ゼロへの 5 つの対策

　設備の基本機能、構造・メカニズムなどの諸特性調査と過去の故障解析から、設備の故障ゼロ対策の重点項目は次の 5 項目になります。

　① 基本条件を整える　　② 使用条件を守る

　③ 劣化を復元する　　　④ 設計上の弱点を改善する

　⑤ 技能を高める

　これらの重点項目の一般的な内容をまとめたのが**表・10** です。

問題

解答と解説

ワンポイント

表・10　故障ゼロへの 5 つの対策

故障ゼロへの 5 つの対策	重 点 項 目 の 内 容	
1.　基本条件を整える	• 設備の清掃：発生源防止対策 • 清掃：清掃基準の作成 • 点検：増締め、ゆるみ止め対策 • 給油：給油個所の洗い出し、給油方式の改善	
2.　使用条件を守る	• 設計能力と負荷の限界値設定：過負荷運転に対する 　　　　　　　　　　　　　　　　弱点対策 • 設備操作方法の標準化 • ユニット、部品の使用条件の設定と改善 • 施工基準の設定と改善：据付け、配管、配線 • 回転しゅう動部の防じん、防水 • 環境条件の整備：じんあい、温度、湿度、振動、衝撃	
3.　劣化を復元する	劣化の発見と予知	• 共通ユニットの五感点検と劣化部位摘出 • 設備固有項目の五感点検と劣化部位摘出 • 日常点検基準の作成 • 故障個所別 MTBF 分析と寿命推定 • 取替えの限界値の設定 • 点検・検査・取替え基準作成 • 異常徴候のとらえ方の検討 • 劣化予知のパラメーターと測定方法の検討
	修理方法の設定	• 分解・組立、測定、取替え方法の基準化 • 使用部品の共通化 • 工具器具の改善・専用化 • 修理しやすい整備：構造面からの改善 • 予備品の保管基準の設定
4.　設計上の弱点を改善する	• 寿命延長のための強度向上対策：機構・構造、材質、形状、寸法精度、組付け精度・強度、耐摩耗性、耐腐食性、表面性状、容量など • 動作ストレスの軽減対策 • 超過ストレスに対する逃げの設計	

故障ゼロへの5つの対策		重 点 項 目 の 内 容
5.技能を高める	操作ミスの防止	• 操作ミスの原因分析 • 操作盤の設計改善 • インターロックの付加 • ポカヨケ対策 • 目で見る管理の工夫 • 操作・調整方法の基準化
	修理ミスの防止	• 修理ミスの原因分析 • 誤りやすい部品の形状、組付け方法の改善 • 予備品の保管方法 • 道具・工具の改善 • トラブル・シューティングの手順化、容易化対策：目で見る管理の工夫

〔**設問 2**〕

②寿命特性曲線

寿命特性曲線（bath-tub curve）は、設備のライフサイクルにおいて故障の発生が時間とともにどのように変化するかを表した曲線です。

(1) 寿命特性曲線（bath-tub curve）

設備の故障率を稼動時間に対して示すと、初期と後期に故障率が高くなり、**図・12** のようになります。すなわち、初期故障、偶発故障、摩耗故障の3つの期間に分けられます。このカーブが洋式の浴槽に似ていることからバスタブ曲線といいます。

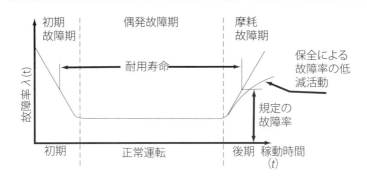

図・12　バスタブ曲線

・初期故障期：使用開始後の比較的早い時期（新設備の稼動開始など）に、設計・製造上の欠陥、あるいは使用条件、環境の不適合によって故障が生じる時期。時間の経過とともに故障率が減少する期間

・偶発故障期：初期故障期と摩耗故障期の間で、偶発的に故障が発生する時期。いつ次の故障が発生するか予測できない期間であるが、故障率がほぼ一定と見なすことができる時期をいう

・摩耗故障期：疲労、摩耗、老化現象などによって、時間の経過とともに故障率が大きくなる時期。事前の検査や監視によって予知できる故障対策で、上昇する故障率を下げることができる

One Point

ワンポイント・アドバイス

　故障の３つの基本パターン（DFR 型、CFR 型、IFR 型）とバスタブ曲線の関係を表すと図のようになります。

寿命特性曲線（Bathtab curve）

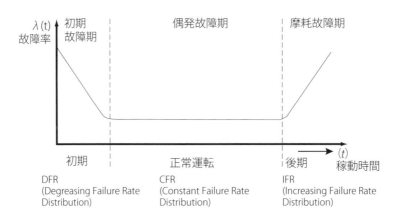

（1）DFR（Degreasing Failure Rate 型）
　故障率が時間とともに減少するタイプである。設計、製造上の欠陥ののために初期段階で故障が多く発生するが、時間とともにこれらの欠陥が取り除かれ、故障率が低下していく場合である。
（２）CFR（Constant Failure Rate 型）
　故障率が時間のよらず一定のタイプである。アイテムが安定した稼動状態にあり、故障の発生が偶発的な場合である。
（３）IFR（Increasing Failure Rate 型）
　故障率が時間とともに増加するタイプである。軸受の摩耗のようにアイテムが時間とともに劣化し、それにともなって故障しやすくなる場合である。

〈参考文献〉
「ライフサイクル・メンテナンス」（高田祥三著、JIPM ソリューション）

解析手法

問題

【解析手法 A を用いて機器の不具合を解析した事例】を見て、〔設問 1〕
〜〔設問 3〕に解答しなさい。

【解析手法 A を用いて機器の不具合を解析した事例】

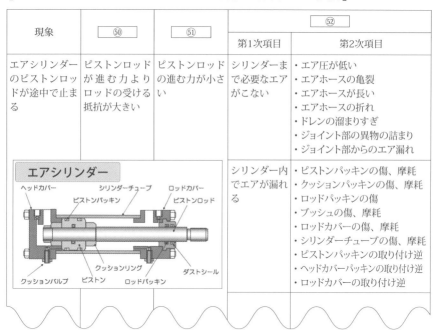

現象	㊿	�51	㊾52	
			第1次項目	第2次項目
エアシリンダーのピストンロッドが途中で止まる	ピストンロッドが進む力よりロッドの受ける抵抗が大きい	ピストンロッドの進む力が小さい	シリンダーまで必要なエアがこない	・エア圧が低い ・エアホースの亀裂 ・エアホースが長い ・エアホースの折れ ・ドレンの溜まりすぎ ・ジョイント部の異物の詰まり ・ジョイント部からのエア漏れ
			シリンダー内でエアが漏れる	・ピストンパッキンの傷、摩耗 ・クッションパッキンの傷、摩耗 ・ロッドパッキンの傷 ・ブッシュの傷、摩耗 ・ロッドカバーの傷、摩耗 ・シリンダーチューブの傷、摩耗 ・ピストンパッキンの取り付け逆 ・ヘッドカバーパッキンの取り付け逆 ・ロッドカバーの取り付け逆

〔設問 1〕

解析手法 A の名称として、もっとも適切な選択肢を選びなさい。

㊾49

ア．なぜなぜ分析　　イ．PM 分析　　ウ．FMEA　　エ．工程分析

〔**設問 2**〕

　空欄　㊿　～　㊾　に当てはまる語句として、もっとも適切な選択肢を選びなさい。

＜㊿～㊾の選択肢＞

ア．4M との関連　　　　イ．5W2H での検討　　ウ．なぜ

エ．価値分析（VA）　　オ．成立する条件　　　カ．物理的見方

〔**設問 3**〕

　解析手法 A の説明として、もっとも適切な選択肢を選びなさい。

㊾

＜㊾の選択肢＞

ア．現象との関連を検討するときは、大欠陥の摘出は対象から除外する

イ．「重点指向」の考え方で進めることが大切である

ウ．寄与率・影響度の低い要因は、検討の対象から除外する

エ．1 つの現象に対して、原因となる要因が数多くある慢性的なロスに有効である

解答と解説　解析手法

解答

設問1	設問2			設問3
㊾	㊿	(51)	(52)	(53)
イ	カ	オ	ア	エ

解説

① PM分析とは

PM分析のPMは、予防保全（preventive maintenance = PM）や生産保全（production maintenance = PM）のPMではありません。**図・13**のように、Pには現象、物理的という2つの意味が、Mにはメカニズム、マン、マシン、マテリアル、メソッドの意味があります。

図・13　PM分析の意味

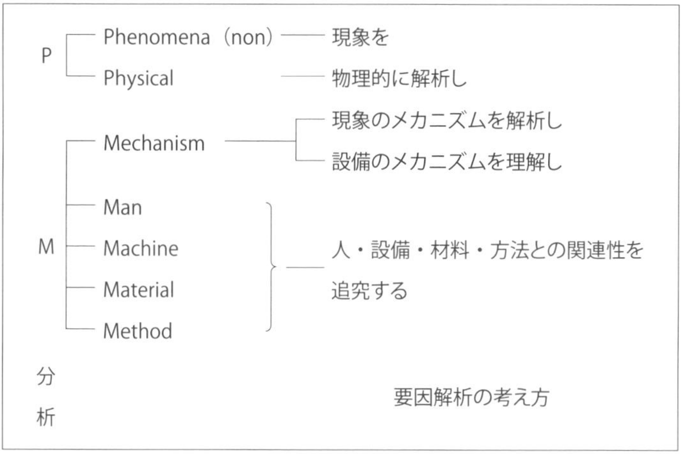

PM分析は、「慢性化した不具合現象を、原理・原則にしたがって物理的に解析し、4Mとの関係性を追究して現象のメカニズムを明らかにする考え方である」と定義されています。

　つまり、PM分析とは、慢性不良や慢性故障のような慢性化した不具合現象を原理・原則にしたがって物理的に解析し、不具合現象のメカニズムを明らかにし、理屈でそれらに影響すると考えられる要因を、人、設備の機構上、材料および方法の面からすべてリストアップするための考え方ということなのです。

　また別のいい方をすると、PM分析とは、
・**慢性的不具合現象をゼロにするために**
・**要因系の見直しをするための要因解析を行い**
・**欠陥をすべて検出し、ゼロを達成するための**
・**分析的・システマティックなモノの見方、考え方**
　ということになります。

　慢性不良の場合、原因がわからないばかりでなく、どの要因がどれだけ不良に寄与するかがわからない場合も多いものです。したがって、重点的に要因をしぼって対策をする重点思考の考え方は有効ではありません。慢性不良に対しては、理屈で考えて不良に影響すると考えられる要因に対し、寄与率・影響度は考えず均等に対策をすることが必要です。

　また、欠陥の摘出にあたっても、大・中欠陥のみでなく微小欠陥も漏れなく摘出し、そのすべてに対策をすることが必要となります。

② PM分析の考え方

　PM分析は、現象のメカニズム分析です。管理すべき要因系を徹底的に見直し、要因の中に潜む欠陥を徹底して洗い出し、復元・改善していきます。この考え方を説明したのが**図・14**です。

図・14　PM 分析の考え方

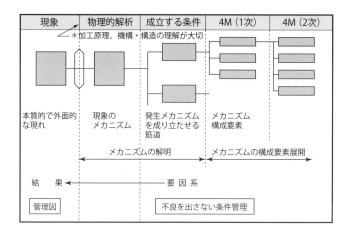

③物理的解析（物理的な考え方）

　物理的解析は、物理的な見方ともいいます。

　すべての不具合現象は、正常な状態（良品）から「ズレ」が発生しているものです。物理的な解析とは、このズレのメカニズムを明らかにすることで、次の手順で行うのがポイントです。

① 加工原理を再確認する

② 加工原理上の原則は何かを考える

③ 現象に関連する条件は何かを考える

④ 物理量の変化は何かを考える

　物理的な解析の例を**表・11** に示します。手順のポイントに「④物理量の変化は何かを考える」とありますが、この物理量とは理工学系における基本的な単位のことです。

現　象	加工原理 (作動原理)	原　則	物理的解析	
			現象に関連する 条件	物理量の変化
ヒューズ がとぶ	融点の低い導線 に、定格以上の 電流が一定時間 以上流れること により発生する 熱量により、回 路を遮断する	・全電力量が一定である 　こと ・電流は一定であること ・ヒューズ容量は定格電 　流の 3〜5 倍のもので 　あること	機器とヒューズ 間に	定格以上の過電流 が流れ、ジュール 熱により溶断する

④成立する条件

　成立する条件とは、物理的解析（物理的見方）で表現したことが「このような条件が整えば必ず発生する」と考えられる 1 つひとつの条件のことです。成立する条件を考えるときは、起こりうる（成り立つ）すべての条件を、先入観、経験、カンにとらわれることなく、感覚的な判断によらないようにすることが大切です。

　この成立する条件は、4 つの M に区分して検討していきます。

・Man（人のレベル）

・Machine（設備や装置の精度）

・Material（前工程の品質）

・Method（標準類のレベル）

　これら 4 つの M について、**表・12** の事例で説明します。

表・12　成立する条件と 4M の関係

現象	物理的な解析（図示）	成立する条件
外形寸法が（＋）側（－）側にバラつく	材料の中心（A）と砥石外周面（B）との間の距離（C）がバラつく（D）ために、一定寸法に仕上がらない	（1）材料の回転中心がバラつく
		（2）砥石外周面の前進端位置がバラつく
		（3）ドレッシング量がバラつく
		（4）切込み補正量がバラつく
		（5）砥石ヘッドの切込み動作サイクルがバラつく
		（6）標準類の不備あるいはそれらを守らない項目がある
		（7）前工程品質が安定しない

　この事例からもわかるように、成立する条件の（1）～（4）の項目については、設備精度に関するものになっています。つまり、設備が４つの機能部位に区分でき、それぞれの役割を果たさなくなった場合には、不良現象に結び付くと考えられるということです。

　また、（5）（6）および（7）の項目についてはそれぞれ、

・標準類の不備もしくは甘さがある場合

・それらが整備されていても守られない場合

・供給される材料に問題がある場合

など、不良現象に結び付くと考えられることが示されています。

　成立する条件を検討する際のポイントとしては、次の４点が考えられます。

　①　設備の機構・機能については、成立する条件の検討を進める前に十分に理解しておく

　②　各機能部位がどのような状態になったら成り立つのか表現することを心がける

③ 洗い出した各項目について、それらが確かに物理的な解析に結び付くか、その整合性をチェックする

④「これですべてか?」の見方で、洗い出した項目を見直す

⑤ 4M との関連

4M とは、人(Man)、設備・治工具(Machine)、材料(Material)、方法(Method)を意味しています。4M との関連性をリストアップするということは、それぞれの成立する条件について、それが成り立つためにはどういう要素から構成されていなければならないのかについて、理屈で考えられることをすべて洗い出すという意味です。1 次要因、2 次要因は**図・15** のようなレベルで区分するとよいでしょう。

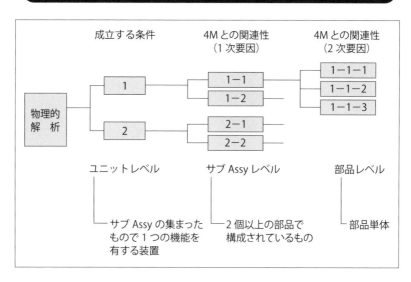

図・15 1 次要因、2 次要因のレベル区分

似たような図ですが、**図・16** は成立する条件と 4M との関連性を示したものです。成立する条件を「結果」とすれば、4M(1 次)はその「要因」です。4M(1 次)を「結果」とすると、4M(2 次)が「要因」です。この「結果」と「要因」の関係の整合性が大切です。

図・16　成立する条件と 4M との関連性の関係

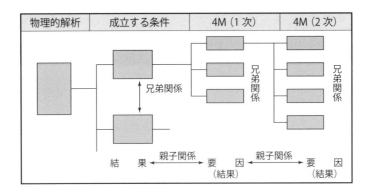

⑥ シリンダーの事例

エアシリンダーにおける不具合の PM 分析の事例を、**表・13** に示します。

表・13　PM分析（エアシリンダーの不具合）

現象	物理的見方	成立する条件	4Mとの関連 （第1次）	4Mとの関連 （第2次）
エアシリンダーのピストンロッドが途中で止まる	ピストンロッドが進む力よりロッドの受ける抵抗が大きい ロッドが進む力：f1 ロッドが受ける抵抗：f2 fi＜f2 （前進 f1→ ←f2） （エアシリンダーの構造） 図	ピストンロッドの進む力が小さい	ニードルまで必要なエアがこない	1　エア圧が低い 2　エアホースの亀裂 3　エアホースが長い 4　エアホースの折れ 5　ドレンの溜まりすぎ 6　ジョイント部の異物の詰まり 7　ジョイント部からのエア漏れ
			シリンダー内でエアが漏れる	1　ピストンパッキンのキズ、摩耗 2　ニードルガスケットのキズ、摩耗 3　クッションパッキンのキズ、摩耗 4　ロッドパッキンのキズ、摩耗 5　Oリングのキズ、摩耗 6　シリンダーガスケットのキズ、摩耗 7　ブッシュのキズ、摩耗 8　ロッドカバーのキズ、亀裂 9　シリンダーチューブのキズ、亀裂 10　ピストンパッキンの取付け逆 11　ニードルガスケットの取付け逆 12　ヘッドカバーパッキンの取付け逆 13　ロッドカバーパッキンの取付け逆
		ピストンロッドの受ける抵抗が大きい	ピストンロッドとロッドカバー間に抵抗がある	1　ピストンロッドの変形、キズ、錆 2　ロッドカバーの変形、キズ、錆 3　ピストンロッドとロッドカバーの芯ズレ 4　ピストンロッドとロッドカバー間の異物 5　潤滑不足 　　（3点セットの不良） 6　ダストワイパの変形、キズ、錆 7　ロッドパッキンの変形、劣化 8　クッションパッキンの変形、劣化 9　ブッシュの変形、錆
			ピストンとシリンダーチューブ間に抵抗がある	1　ピストンの変形、キズ、錆 2　ピストンとロッドの芯ズレ 3　シリンダーチューブの変形、キズ、錆 4　ピストンとシリンダーチューブ間の異物 5　潤滑不足 　　（3点セットの不良） 6　ピストンパッキンの変形、劣化 7　ピストンとシリンダーチューブの芯ズレ 8　ヘッドカバーの変形、キズ、錆 9　ピストンとヘッドカバーの芯ズレ
			排気エアが残る	1　電磁弁の不良 　　排気口の詰まり 　　スプリングの異常 2　ピストンとシリンダーチューブ間の異物 3　ニードルガスケットの変形、詰まり 4　クッションパッキンの変形、劣化

（エアシリンダーの構造）

1 ロッドナット	2 ピストンロッド	3 ダストワイパ	4 ロッドパッキン
5 ブッシュ	6 マスキングプレート	7 ロッドカバー	8 クッションパッキン
9 シリンダガスケット	10 シリンダチューブ	11 スプリングピン	12 ピストン
13 ピストンパッキン	14 ヘッドカバー	15 タイロッド	16 ばね座金
17 丸ナット	18 ニードルガスケット	19 ニードルホルダー	20 ニードルナット
21 クッションニードル			

作業改善のためのIE

問題

• •

　【動作研究と作業の分類】【作業の分類と例】【動作経済の原則】を見て、〔設問1〕に解答しなさい。

【動作研究と作業の分類】

　動作研究とは、人間のからだの部分と目の動きを分析して、もっとも良い方法を見出すための研究であり、量産工場などで繰り返されることが多い作業の分析に適している。作業の分析においては、1人ひとりの作業の構成に着目する必要があり、一般的に、下図に示す3つに分類して改善を考える。

【作業の分類と例】

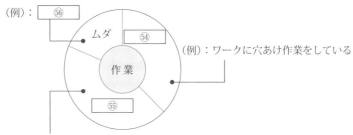

（例）：⑤⑥

ムダ　⑤④

（例）：ワークに穴あけ作業をしている

作業

⑤⑤

（例）：棚から部品を取り出すために歩行している

【動作経済の原則】

　作業をもっとも能率よく遂行するためには、ムダ・ムラ・ムリを除いて、作業者が最高の能力を発揮できるような　⑤⑦　を定め、それに適した機械設備、治工具、作業域が与えられなければならない。そのために、作業を動作に　⑤⑧　して観察し、改善を行い、経済的な動作を採用する

ことが必要である。動作経済の原則は、「動作は次の原則に従った作業が
もっとも経済的である」とされるもので、「動作方法の原則」「作業場所の
原則」「治工具および機械の原則」の 3 つから成り立っており、共通のね
らいは「　　⑤⑨　　」である。

〔**設問 1**〕

　空欄　　⑤④　　～　　⑤⑨　　に当てはまる語句として、もっとも適切な選
択肢を選びなさい。

<⑤④～⑤⑨の選択肢>

> ア．歩留まり　　イ．ラクに　　　ウ．定常作業
>
> エ．作業方法　　オ．残業時間　　カ．非定常作業
>
> キ．分解　　　　ク．追加　　　　ケ．正味作業
>
> コ．付随作業　　サ．正確に
>
> シ．加工が終わったワークを取り出すために扉が開くのを待っ
> 　　ている
>
> ス．加工する製品を切り換えるために金型を交換している

【動作経済の 3 つの原則】を見て、〔設問 2〕に解答しなさい。

【動作経済の 3 つの原則】

3つの原則	改善例
動作方法の原則	⑥⓪
作業場所の原則	⑥①
治工具および機械の原則	⑥②

〔設問 2〕

空欄 ⑥⓪ ～ ⑥② に当てはまる語句として、もっとも適切な選択肢を選びなさい。

＜⑥⓪～⑥②の選択肢＞

ア．使用する工具の種類や、予備品の数を増やして安心感を高める

イ．運搬作業が面倒なので台車を使わず人力で行う

ウ．工作物を長時間保持するために、保持具を用いる

エ．材料を、間違い防止として作業員の手の届かない場所に配置する

オ．運搬作業において、できるだけ方向転換が生じないようなルートを設定する

カ．材料を、作業員の手の届く場所に配置する

解答と解説　作業改善のための IE

解答

設問1						設問2		
(54)	(55)	(56)	(57)	(58)	(59)	(60)	(61)	(62)
ケ	コ	シ	エ	キ	イ	カ	オ	ウ

解 説

〔設問 1〕

「動作研究」とは、人間のからだの部分と目の動きを分析して、もっとも良い方法を見出すための研究です。量産工場などで繰り返されることが多い作業の分析に適しています。

通常は下記の 2 点を着眼点として、日常の改善で実践していくことが望ましいです。

① 動作のムダ・ムラ・ムリの改善

② 1 人ひとりの作業の構成に着目

作業は、一般的に**図・17** の 3 つに分類されます。「ムダ」は、即改善の対象となります。さらに「付随作業」に着目して、改善します。

図・17　作業の分類

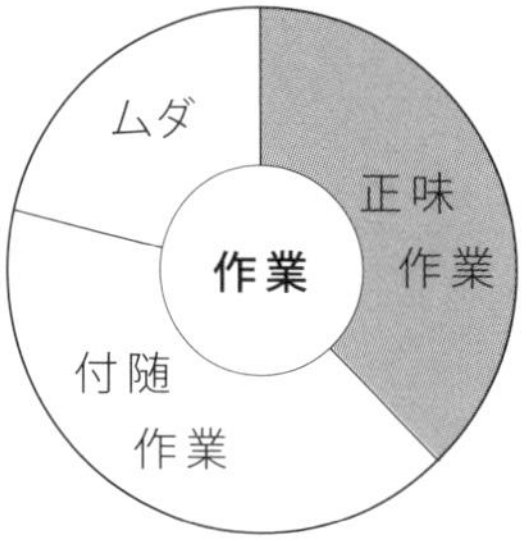

正味作業	商品として価値を生み出す作業
付随作業	価値を高めず、現在の作業条件の下では省けないが、やり方や工具・組み付け部品の供給位置を変更改善すれば、ムダや労力の軽減できる作業
ムダ	つくりだめのムダや、不良をつくるムダなど、すぐ改善でなくしたい作業

※作業とは：いくつかの動作の組合わせのこと

〔設問 2〕

動作経済の原則（Principles of motion economy）

作業者が行う作業の動作分析、改善を進めていくときに使われます。作業者の疲労をもっとも少なくして、仕事量を増加するため、いかに人間のエネルギーを有効に活用するかという考え方です。ギルブレス（Gilbreth）により提唱され、今日では人間工学（ergonomics）として発展しています。

作業をもっとも能率よく遂行するためには、ムダ・ムラ・ムリを省いて作業者が最高の能力を発揮できるような作業方法を定め、それに適した機械設備、治工具、作業域が与えられなければなりません。そのために、作業を動作に分解して観察し、改善を行い、もっとも疲労が少なく、しかも経済的な動作を採用することが必要です。動作経済の原則は、「動作は次の原則に従った作業がもっとも経済的である」とされるもので、以下の 3 つから成り立っています。共通のねらいは「ラクに」です。

①動作方法の原則（use of human body）：作業時の人体機能を生かした動作方法

②作業場所の原則（arrangement of the work place）：作業のしやすい作業域の設計

③治工具および機械の原則（design of tools and equipment）：人間工学的立場からの治工具・設備の活用

問題

【ねじのゆるみの分類】【ねじのゆるみのポイント】を見て、〔設問1〕～〔設問2〕に解答しなさい。

【ねじのゆるみの分類】

ナットの回転の有無	ゆるみの原因
ナットが ㊿	・接触部の小さな凹凸のへたり ・座面部の被締付け物の陥没 ・接触部の微動摩耗 ・熱的原因
ナットが ㋔	・衝撃的外力 ・被締付け物同士の相対的変位

【ねじのゆるみのポイント】

- 同じサイズのねじならば、 ㋕ のほうがゆるみにくい
- 締結部のすべての接触面の ㋖ 係数が大きいほどゆるみにくい
- ゆるみの管理には、合マークが有効である

〔設問1〕

空欄 ㊿ ～ ㋖ に当てはまる語句として、もっとも適切な選択肢を選びなさい。

問題

解答と解説

ワンポイント

＜⑥③～⑥⑥の選択肢＞

> ア．戻り回転する　　　　イ．戻り回転しない
>
> ウ．すべり　　　　　　　エ．並目ねじよりも細目ねじ
>
> オ．摩擦　　　　　　　　カ．細目ねじよりも並目ねじ

〔**設問 2**〕

合マークの付け方として、もっとも適切な選択肢を選びなさい。

> ⑥⑦

＜⑥⑦の選択肢＞

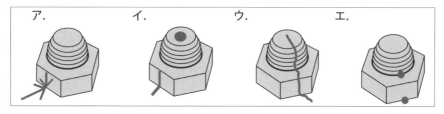

【配管用フランジのボルト・ナットの締付け】を見て、〔設問 3〕に解答しなさい。

【配管用フランジのボルト・ナットの締付け】

　配管用フランジのボルト・ナットを適正な⎣　　⑥⑧　　⎦で締め付けるためには、相対締付け法の順序に沿って締め付けるとよい。

　例えば、下図に示す配管用フランジにおいて a から締付けを開始する場合は、⎣　　⑥⑨　　⎦の順番で仮締めを行い、その後に本締めを行う。

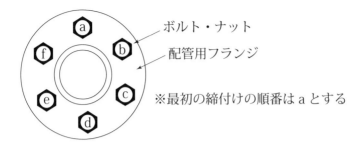

ボルト・ナット

配管用フランジ

※最初の締付けの順番はaとする

　なお、フランジとフランジの間に挟み込んだ　⑦　を締め付けているボルトの締付け力は、時間経過や熱の影響で低下していく。そのため、一定時間が経過した後に、　⑦　を行う必要がある。

〔**設問 3**〕

　空欄　⑱　～　⑦　に当てはまる語句として、もっとも適切な選択肢を選びなさい。

＜⑱～⑦の選択肢＞

ア．ピッチ　　　　　イ．増締め　　　　　ウ．グリース

エ．溶接　　　　　　オ．トルク　　　　　カ．リンク

キ．ケガキ　　　　　ク．モンキーレンチ　ケ．ガスケット

コ．a → b → c → d → e → f

サ．a → b → c → f → e → d

シ．a → c → e → b → f → d

ス．a → d → b → e → c → f

解答と解説　締結部品

解答

設問1				設問2	設問3			
㉓	㉔	㉕	㉖	㉗	㉘	㉙	㉚	㉛
イ	ア	エ	オ	ウ	オ	ス	ケ	イ

解説

　締結部品のゆるみに関して、課題で問われている各項目の内容を説明します。

①ボルト・ナットのゆるみ

❶ナットのゆるみの分類

(1) ボルトはなぜゆるむのか

　ボルト・ナットのゆるみ発生個所は、次のような個所に多くあります。
・衝撃荷重のかかるところ
・振動の発生しやすいところ
・温度変化の激しいところ
・機械・装置の内部構造に使われ、保守管理が困難なところ

(2) ゆるみの現象

「ねじのゆるみ」とは、ボルトの締付けで生じた軸力が必要値以下に低下するか、なくなってしまう現象をいいます。
　ねじのゆるみをまとめたのが**表・14**です。

ナット回転の有無	ゆるみの原因
ナットが戻り回転しない	① 接触部の小さな凹凸のへたり ② 座面部の被締付け物への陥没 ③ ガスケットなどのへたり ④ 接触部の微動摩耗 ⑤ 熱的原因
ナットが戻り回転する	⑥ 衝撃的外力 ⑦ 被締付け物同士の相対的変位

表・14 ねじのゆるみの分類

❷ゆるみの特性

一般に、ゆるみ止めに有効な考え方は次の３つです。

・同じサイズのねじならば、並目ねじより細目ねじの方がゆるみにくい

・締結部のすべての接触面の摩擦係数が大きいほど、ゆるみにくい

・ボルト・ナットが回転しないよう、何らかの方法でロックする

②合マーク

❶合マークとは

　一般にねじの締付け力は、強すぎると破損し、弱すぎるとゆるみやすくなります。使用条件に合った適合ボルトやナットで、きちんとした座面に適正に締め付ければ、ゆるむことはほとんどありません。しかし、しっかり締め付けても座面の状態、外力のかかり具合、温度などの影響でゆるむことがあります。これは直接、間接に設備のトラブルの発生に大きな影響があります。

　そこで、このゆるみによるトラブルの発生を防ぐために、ゆるみが容易に発見でき、即座に増締めができるように締結物とボルト・ナットに合マークをつけます。合マークはゆるみがひと目で見られるように工夫したものです。

❷合マークの正しい入れ方

合マークの正しい入れ方の例を**図・18**に示します。

図・18　合マークの例

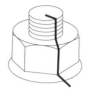

縦書き：目立つ色で入れる

<締付け直後>　　　<ゆるみが発生したとき>

③フランジ・ガスケット

❶フランジの増締め

　ガスケットを締め付けているフランジのボルトは、時間の経過、熱サイクルを受けるなど、ガスケットのへたりにより、締め付け力が低下してきます。このため一定時間経過後、再締付けをします。とくに非金属ガスケットでこの現象が大きいです。増締めとは、締付けトルクを増すことではなく、ゆるんだトルクを締め直すということです。

　❷リング形とフルフェース形の選択

　フランジなどのガスケットは、リング形とフルフェース形とがあります。リング形の方がフルフェース形よりシール効果が高いので、なるべくリング形を使用した方が良いです**（図・19）**。

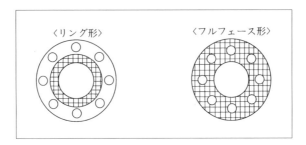

〈リング形〉　　　　　　〈フルフェース形〉

❸フランジなどを締め付ける場合

　ボルトの締め付け順序は、相対締付け法によります。

　番号の順番に（対角を締め付け、次に90度角度を変えたところ）締め
付けていきます。フランジ間のすき間が一定になるように締め付けます
（図・20）。

図・20　ボルトの締付け順序

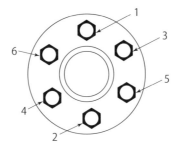

図面の見方

問題

・・

【工作物 A の立体図】を見て、〔設問 1〕に解答しなさい。

【工作物 A の立体図】

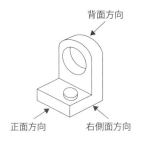

背面方向

正面方向　　　右側面方向

（参考）別方向から見た工作物 A の
立体図

〔設問 1〕

工作物 A の正面図、平面図、右側面図として、もっとも適切な選択肢を選びなさい。

正面図： ⑫ 　　　平面図： ⑬ 　　　右側面図： ⑭

<＠〜＠の選択肢＞

<⑦〜⑦の選択肢＞

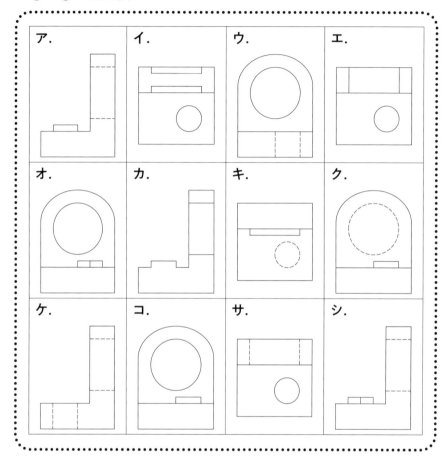

【図面における表示例と説明】を見て、〔設問 2〕に解答しなさい。

【図面における表示例と説明】

表示例	説明
R90	⑦⑤ を表示している
C2	⑦⑥ を表示している
Ra1.8	⑦⑦ を表示している
(軸) (穴) $\phi 7^{-0.01}_{-0.02}$ $\phi 7^{+0.01}_{0}$	軸と穴のはめあいが ⑦⑧ である

〔**設問 2**〕

　空欄 ⑦⑤ ～ ⑦⑧ に当てはまる語句として、もっとも適切な選択肢を選びなさい。

<⑦⑤～⑦⑧の選択肢>

ア．床面に対する水平度　イ．しまりばめ　ウ．半径の長さ
エ．表面加工時の性状　　オ．すきまばめ　カ．角度の大きさ
キ．板の厚さ　　　　　　ク．面取りの寸法

解答と解説　図面の見方

解答

［設問1］

⑫	⑬	⑭
コ	サ	ア

［設問2］

⑮	⑯	⑰	⑱
ウ	ク	エ	オ

解説

① 〔設問1〕

正投影図

　品物を図形で正確に表すには、正投影法を用います。1つの投影面では不完全なため、投影面を設定して正投影による図形を描きます。

　これらを組み合わせて、品物を平面上に正確に図示します。これが正投影図です。視点と品物との間に透明な投影面を品物に平行に置き、投影面に垂直な方向から見て、そこに見える品物の形を図示します。

　品物を図面で正確に描き表すには、以下のように3方向で描くのが一般的です。

　　① 正面図（front view）
　　② 平面図（top view）
　　③ 側面図（side view）

　以上のように、ある品物の形を表すためには、いくつかの投影面が必要です。**図・21** に示すような描き方を第三角法と呼び、一般的に多く使用

されています。

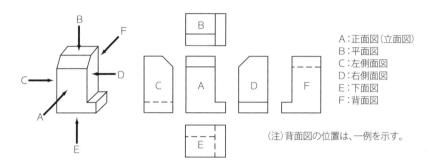

図・21　投影図の配置図（立体モデル）

A：正面図（立面図）
B：平面図
C：左側面図
D：右側面図
E：下面図
F：背面図

（注）背面図の位置は、一例を示す。

②〔設問2〕

(1) 寸法の記入

　寸法値（寸法数字）、寸法線、寸法補助線、引き出し線（引出線）、末端記号（矢印）を**図・22** 寸法補助記号（寸法記号）を**表・15** に、また穴の加工方法を**表・16** に説明します。

図・22　寸法の記入

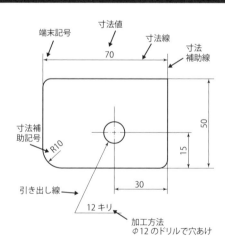

表・15　寸法補助記号		
項目	記号	呼び方
直　　径	ϕ	まる
半　　径	R	アール
球の直径	$S\phi$	エスまる
球の半径	SR	エスアール
正方形	□	かく
板の厚さ	t	ティー
円弧の長さ	⌒	えんこ
45°面取り	C	シー

表・16　加工方法と簡略指示	
加工方法	簡略指示
鋳　放　し	イ　ヌ　キ
プレス抜き	打　ヌ　キ
き り も み	キ　　リ
リーマ仕上げ	リ　ー　マ

(2) 図示記号

　対象面の表面形状の要求事項を指示するには、図示記号が用いられます（**図・23**）。除去加工の要否を問わないときは **(a)** に示す基本図示記号が用いられ、除去加工をする場合は **(b)** が、除去加工をしない場合は **(c)** が用いられます。図示記号には、必要に応じて複数の表面性状パラメータを組み合わせて指示することができます（**図・24**）。

図・23　基本図示記号（JIS B 0031）

⒜　基本図示記号　　⒝　除去加工をする場合の図示記号　　⒞　除去加工をしない場合の図示記号

図・24　表面性状の要求事項の指示位置（JIS B 0031）

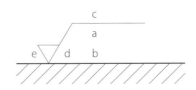

図・24 の指示位置 a 〜 e の内容は、次のとおりである。

位置 a：表面性状パラメータがひとつの場合
位置 b：2 番目の表面性状パラメータ
位置 c：加工方法、表面処理、塗装、加工プロセスに必要な事項
位置 d：表面の筋目とその方向
位置 e：削り代をミリメートル単位で指示

（3）はめあい（fit）

穴と軸とをはめあわせるとき、穴の寸法が軸の寸法より大きいときの寸法の差を**すきま**（clearance）といい、穴の寸法が軸の寸法よりも小さいときの寸法差を**しめしろ**（interference）といいます **（図・25）**。

図・25　すきまとしめしろ

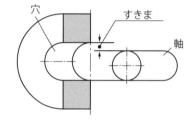 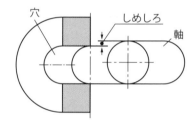

① はめあいの種類

・**すきまばめ**（clearance fit）　常にすきまのできるはめあい（図・26 (a)）。
・**しまりばめ**（interference fit）　常にしめしろのできるはめあい（図・26 (b)）。
・**中間ばめ**（transtion fit）　穴と軸とが、それぞれ許容限界寸法内に仕上げられ、はめあわせるとき、その実寸法によってすきまができたり、しめしろができたりすることのあるはめあい（図・26 (c)）。

② すきまとしめしろ

・**最小すきま**➡すきまばめで、穴の最小許容寸法から軸の最大許容寸法を引いた値。

- **最大すきま**➡すきまばめまたは中間ばめで、穴の最大許容寸法から軸の最小許容寸法を引いた値。
- **最小しめしろ**➡しまりばめで、組立て前の軸の最小許容寸法から穴の最大許容寸法を引いた値。
- **最大しめしろ**➡しまりばめか中間ばめで、軸の最大許容寸法から穴の最小許容寸法を引いた値。

図・26　はめあい

(a)すきまばめ

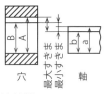

穴　　　　　軸

ⓐすきまばめ
最大許容寸法A＝50.025、a＝49.975
最小許容寸法B＝50.000、b＝49.950
最大すきまA－b＝0.075
最小すきまB－a＝0.025

(b)しまりばめ

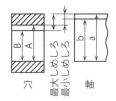

穴　　　　　軸

ⓑしまりばめ
最大許容寸法A＝50.025、a＝50.050
最小許容寸法B＝50.000、b＝50.034
最大しめしろa－B＝0.050
最小しめしろb－A＝0.009

(c)中間ばめ

穴　　　　　軸

単位mm

ⓒ中間ばめ
最大許容寸法A＝50.025、a＝50.011
最小許容寸法B＝50.00、b＝49.995
最大しめしろa－B＝0.011
最大すきま　A－b＝0.030

●ひと口メモ●

ねじの表示
図1や図2にあるように、側面図の谷底を示す円形は四分の一欠円です。これは、スプリングコンパスに指の力の加え方で始点と終点とが合わないことを避けるために考え出されたものであって、CAD製図では全円を描いた場合、四分の一円を削除しなければならないという作業が生じています。

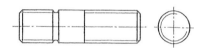

図1　称呼径ボルトのおねじ部の指示例
（JIS B 0002-1：1998）

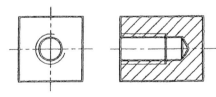

図2　めねじ部の指示例（JIS B 0002-1：1998）

〈参考文献〉
『図面の見方・描き方』四訂版（真部富男　著、工学図書）
『図面の新しい見方・読み方』改訂3版（桑田浩志・中里為成
共著、日本規格協会）

2022年度

自主保全士検定試験

2級

実技試験問題

解答／解説

作業の安全

問題

● ●

【設備の点検・修理時の一般的な安全手順】を見て、〔設問1〕に解答しなさい。

【設備の点検・修理時の一般的な安全手順】

作業区分	注意のポイント
点検・修理前	① ⬇ 操作盤、その他バルブ類、指定場所に点検表示を行う ⬇ 停止責任者がブレーカーを切り、スイッチ投入厳禁表示を行う ⬇ ② ⬇
点検・修理中	部品を点検・修理する ⬇
点検・修理後	起動前の安全確認を行う ⬇ ③ ⬇ 危険がないことを確認の上、運転を開始する

〔設問1〕

空欄 ① ～ ③ に当てはまる注意のポイントとして、もっとも適切な選択肢を選びなさい。

<①～③の選択肢>

ア．設備に設置されている電源・油空圧・蒸気・ガスのスイッチを切る

イ．惰力で動き続けている機械を、工具や棒を使って停止する

ウ．設備が空運転していないか、残圧除去はされているかを確認する

エ．点検・修理を始める直前に電源を入れて、作業完了までそのままにする

オ．停止責任者がブレーカー・バルブの表示を撤去する

カ．試運転を行い、回転体に手で触れて、異常振動がないことを確認する

【作業中に発生した事故事例】を見て、〔設問2〕に解答しなさい。

【作業中に発生した事故事例】

作業状況		
作業内容	機械のローラーに付いた汚れを掃除しようとしていた	2階から1階に、書類の入った段ボールを運ぼうとしていた
発生した事故	手がローラーに巻き込まれた	階段を踏み外して、転落した
主な事故要因	④	⑤

作業状況		
作業内容	休憩時間に、作業場所を横切って外に出ようとしていた	汚泥槽に溜まった汚泥を処理しようとしていた
発生した事故	フォークリフトと歩行者が激突した	酸素欠乏症になった
主な事故要因	⑥	⑦

〔設問 2〕

空欄 ④ ～ ⑦ に当てはまる事故要因として、もっとも適切な選択肢を選びなさい。

<④～⑦の選択肢>

ア．設備を停止せずに作業を開始した
イ．安全靴を着用していた
ウ．設備の運転速度が遅すぎた
エ．保護メガネを着用していなかった
オ．足下がよく見えていなかった
カ．立ち入り禁止の表示をしていなかった
キ．ヘルメットを着用していなかった
ク．作業前に環境測定を行っていなかった

解答

設問1			設問2			
①	②	③	④	⑤	⑥	⑦
ア	ウ	オ	ア	オ	カ	ク

解説

①災害防止と安全確保

　災害は数多くの要因から構成され、災害発生の仕組みが設備の高度化にともなって複雑化してきています。災害防止には、災害が起きてからの再発防止の対策、いわゆる結果系の活動も重要ですが、災害が起こる前にその芽を摘む原因系の活動がより重要となります。

　安全確保には、「整理整頓」「点検整備」「標準作業の遵守」の安全の3原則が大切な管理方法となります。

②自主保全活動と安全確保

　「災害ゼロ」を実現するには、未然防止と安全管理を行うことです。災害は、**図・1**に示すように不安全な状態と不安全な行動が結びついたときに発生するといわれています。

　日常の仕事は標準作業表で決められた定常作業ですが、自主保全活動の初期清掃から総点検作業は非定常作業になります。

　非定常作業は、不安全な状態、不安全な行動になりがちなので、設備の安全確認、職場の5S、安全管理をすすめ、自主保全のステップに合わせて安全の確保をしていくことが大切です。

図・1　災害発生の要因

不安全な状態		災害発生	不安全な行動	
設備要因	管理的要因		教育要因	本人の要因
・設計不良 ・構造、材料不良 ・安全装置不備 ・保守点検技術の不備 ・設備のレイアウト不備、照明、換気、音 ・危険個所の放置	・管理組織不備 ・不具合対策の遅延 ・作業点検などの基準欠如 ・作業計画、人員配置の不備 ・保護具、服装などの欠陥の容認		・危険個所の指示不十分 ・知識不足、悪習慣 ・点検、訓練不十分 ・理解の不徹底 ・不適当な作業手順 ・安全教育の軽視 ・基準の軽視	・勘違い、怠慢 ・他のことを考えている ・疲労 ・保護具を使用しない ・確認しない

③非定常作業の標準化モデル

　一般的に、定常作業に比べて非定常作業や異常処置作業には、重大な災害につながる危険要因が多く含まれています。定常作業は標準化されていても、非定常作業、異常処置作業の作業標準が確立されていない職場が多くあります。

　ここでは、非定常作業、異常処置作業の代表的ケースとして、点検・修理作業の標準化モデルを**図・2**に示します。

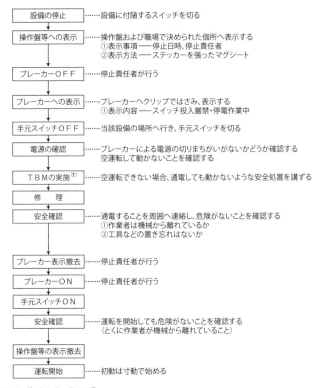

```
設備の停止      ……設備に付随するスイッチを切る

操作盤等への表示   ……操作盤および職場で決められた個所へ表示する
                 ①表示事項──停止日時、停止責任者
                 ②表示方法──ステッカーを張ったマグシート

ブレーカーOFF    ……停止責任者が行う

ブレーカーへの表示  ……ブレーカーへクリップではさみ、表示する
                 ①表示内容──スイッチ投入厳禁・停電作業中

手元スイッチOFF   ……当該設備の場所へ行き、手元スイッチを切る

電源の確認      ……ブレーカーによる電源の切りまちがいがないかどうか確認する
                 空運転して動かないことを確認する

ＴＢＭの実施 (注)  ……空運転できない場合、通電しても動かないような安全処置を講ずる

修　　　理

安全確認       ……通電することを周囲へ連絡し、危険がないことを確認する
                 ①作業者は機械から離れているか
                 ②工具などの置き忘れはないか

ブレーカー表示撤去  ……停止責任者が行う

ブレーカーON     ……停止責任者が行う

手元スイッチON

安全確認       ……運転を開始しても危険がないことを確認する
                 （とくに作業者が機械から離れていること）

操作盤等の表示撤去

運転開始       ……初動は寸動で始める
```

注) TBM（ツール・ボックス・ミーティング）
　　作業前に、職長を中心に関係者全員が作業内容や方法・段取り・問題点について、短時間で話し合ったり、指示伝達を
　　行うこと。また作業中に、指示の変更や作業手順の見直しなどがある場合も行われます。

●ひと口メモ●

電源の投入・開放の手順

　機器のスイッチの開閉の順序について、大事なルールがあるので覚えておきましょう。
- 電源の投入：電気設備や装置、機器を運転するときは電源側のスイッチから投入する
　→下図では SW ①→ SW ②→ SW ③の順に投入する
- 電源の開放：設備や装置機器を止めるときは負荷側のスイッチから開放する
　→下図では SW ③→ SW ②→ SW ①の順に開放する
　設備の保護や安全のために大事なルールなのでよく覚えて実行しましょう。

スイッチの操作手順

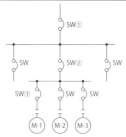

〈M-1を運転するときのスイッチの投入手順〉

運転するときは、電源側のスイッチから投入する
SW①→SW②→SW③

〈M-1を停止するときのスイッチの開放手順〉

停止するときは、負荷側のスイッチから開放する
SW③→SW②→SW①

スイッチの操作手順は運転するときと停止するときでは違う

5S

問題

・・

【5S 活動チェックリストの例】を見て、〔設問 1〕に解答しなさい。

【5S 活動チェックリストの例】

5S 活動チェックリスト

実施日：〇〇年△△月××日

	承認	担当

職場（サークル）	A サークル
人数	5 名

5S 区分	チェック項目	☑ チェック
⑧	・5S に関するルールは決められているか ・5S に関するルールは守られているか ・椅子、キャビネットなどは正しくしまわれているか ・正しい服装（帽子、服、ズボン）をしているか ・安全保護具（手袋、メガネなど）は決められた通り、着用しているか	☐
⑨	・製品（材料）の置き場に管理責任者は表示されているか ・物（材料、工具）は正しく元の位置に戻されているか ・物（棚、キャビネット、机、椅子）の置き方は正しく置かれているか	☐
⑩	・通路、棚、設備、作業台などの周辺に不要品は置かれていないか ・置き場に物が必要以上に置かれていないか ・置き場の製品（材料）には、その名称を明確にして保管しているか	☐
⑪	・床、通路、設備、台車、棚などにゴミ、汚れはないか ・床、通路に製品（材料）の落とし物はないか ・床、通路などに油、水の汚れはないか ・配線などが床に垂れ下がっていないか ・ ⑪ 記録を残しているか	☐
⑫	・置き場の区分線が消えていないか ・ ⑪ した状態をきれいに維持しているか ・表示はわかりやすく全体のバランスは良いか ・ ⑨ 、 ⑩ 、 ⑪ は、総合的に維持されているか	☐

〔設問 1〕

空欄　⑧　～　⑫　に当てはまる語句として、もっとも適切な選択肢を選びなさい。

＜⑧～⑫の選択肢＞

ア．清潔　　　イ．整備　　　ウ．躾　　　エ．清掃
オ．整列　　　カ．整理　　　キ．整頓　　　ク．収納
ケ．仕組み　　コ．診断

解答

設問1				
⑧	⑨	⑩	⑪	⑫
ウ	キ	カ	エ	ア

解 説

① 5S の基本

　5S（整理、整頓、清掃、清潔、躾）は、工場管理を推進するもっとも基本的な管理手法として確立され、今日にいたっています。5S は生産現場だけではなく、さまざまな管理制度を運用するための基盤になるものとして理解されはじめ、広い分野でその活用の場を広げてきています。

　5S の実践には管理者の率先垂範が重要です。管理者自らが 5S に対して行動しなければ、5S は徹底できません。このような管理者の姿を見て、5S の重要性や取り組む必要性を部下が理解するのです。部下に対して、5S 活動への動機付けをするには、管理者自らが行動を示すことがもっとも重要なことです。

② 5S のポイント

（1）整理

　① 5S を実施するときに、「整理」と「整頓」を分けることを心がけてください。まず、整理を徹底します。整理を徹底することにより不要品を職場からなくします。不要品が存在すると必要なモノが見つけにくいからです。そして、整理が徹底できた段階で整頓を実施し

ます。整頓を始めるためには、まず整理が実施され、職場に不要品がないことが必要条件となります。

②原則的には、半年以内に使用する予定がなければ、不要品と判断し捨てることを勧めます。もちろん、法律の制約で捨てられないモノ、高価な設備であるため捨てられないモノなど例外もあります。

③一般的には、整理を"片付ける"程度の意味で理解していることがほとんどです。しかし、5S における整理の実施には、価値判断が入ります。したがって、整理とは"片付ける"のではなく、"価値判断をする"ことだと考えるべきです。活用度・重要度・緊急度などにより価値判断を行い、保管（保存）するモノと廃棄するモノが決定され、置き場所などが設定されるのです。

(2) 整頓

①整頓とは、「必要なモノがすぐに取り出せるように置き場所、置き方を決め、表示を確実に行う」という意味です。整頓は、いつでも必要なときに取り出せるように、モノを管理状態に保つための方法です。このような状態を確保するためには、使用したら必ず元の位置に戻すことを、職場の全員が実行する必要があります。

②職場の中に、置き場所が決まっていないモノはないということが整頓の重要な考え方です。もちろん例外がないわけではありませんが、原則としてすべてを設定するという心構えが大切です。

③資材や備品を保管する数量は、いくつ置いても良いというルールでは管理できません。保管すべき数量は、対象ごとに設定されるべきです。たとえば、最大数量、最小数量、発注点などを明確化することが基本原則です。また、これらはいずれも置き場所に表示しておかなければなりません。

④整頓では、どこに、何を、いくつ置くかという、「3 定」を実行することが重要です。

定位（置）：定められた位置、場所の表示

定品：定められた品物、品目の表示

定量（数）：定められた量（数）の表示

（3）清掃

①清掃は、ゴミや汚れを掃除によってなくすことが主ですが、同時に点検するということが含まれます。すなわち、「清掃とは、自分たちが使用しているものをきめ細かく管理して、常に最高の状態を維持していく・守っていく」という意味があります。

②「清掃は余計なこと」と考える人がいます。しかし清掃は、余計なことではなく仕事の一部であり、工程の１つと考えるべきです。

③汚れていれば清掃をするというだけでなく、つぎの３つの目的をもって改善すべきです。

　a. ゴミや汚れの発生源を突きとめて、ゴミや汚れが発生しないように改善する

　b. ゴミや汚れが飛散しないように改善する

　c. 清掃時間を短縮する

（4）清潔

①清潔とは「3S（整理・整頓・清掃）を徹底して実行し、汚れのないキレイな状態を維持すること」です。整理・整頓・清掃を維持・管理するために大切なことは、まずルールをつくり、それを標準化することです。そして、標準化されたルールどおりに実践できているかどうかを目で見てわかるような管理体制をつくることです。

②清潔な状態を維持するためには、常に「現状の問題は何か」「改善すべき点は何か」を探り続け、改善を継続することが大切です。

③異常や危険な個所は、目で見てすぐわかるようにしておきましょう。さらに大切なことは、このような異常や危険な個所そのものを、改善してなくしていくことです。

(5) 躾（しつけ）

①企業での躾とは、幼児や正しい判断力のない児童を対象とした"しつけ"ではなく、大人が対象です。十分に判断力やものの考え方を身に付けているハズの大人が対象なのです。一方的に押しつけるような躾の実行はむずかしいものです。よく理解・納得させるような工夫が必要となります。

②躾とは、「決められたことを、決められたとおりに実行できるよう習慣付けること」です。習慣付けるためには、繰り返し繰り返し実行することが必要となります。ある行為を何度も繰り返していると、その行為を無意識に実行してしまう状態にまでなるものです。このレベルまで到達すると習慣付いてきます。したがって、習慣付くまでには時間を必要とします。短時間での躾はむずかしいものです。

③最初は、上司が部下をしつけることが5Sの徹底につながってきます。しかし、それを卒業しなければ、躾としては本物ではありません。自分自身が5Sについて、理解し納得することにより、自分が自分をしつけるレベルまで実行できれば本物といえます。

自主保全活動支援ツール

問題

【目で見る管理の例】を見て、〔設問1〕に解答しなさい。

【目で見る管理の例】

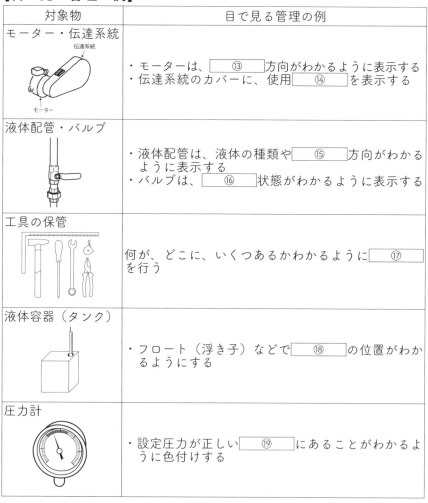

対象物	目で見る管理の例
モーター・伝達系統	・モーターは、 ⑬ 方向がわかるように表示する ・伝達系統のカバーに、使用 ⑭ を表示する
液体配管・バルブ	・液体配管は、液体の種類や ⑮ 方向がわかるように表示する ・バルブは、 ⑯ 状態がわかるように表示する
工具の保管	何が、どこに、いくつあるかわかるように ⑰ を行う
液体容器（タンク）	・フロート（浮き子）などで ⑱ の位置がわかるようにする
圧力計	・設定圧力が正しい ⑲ にあることがわかるように色付けする

〔**設問 1**〕

空欄 ⑬ ～ ⑲ に当てはまる語句として、もっとも適切な選択肢を選びなさい。

＜⑬～⑲の選択肢＞

ア．回転　　　　イ．型式　　　ウ．角度　　　エ．3 定管理
オ．開閉　　　　カ．液面　　　キ．範囲　　　ク．流れ
ケ．分別回収　　コ．漏電　　　サ．給油口　　シ．局所化

解答

設問1						
⑬	⑭	⑮	⑯	⑰	⑱	⑲
ア	イ	ク	オ	エ	カ	キ

解 説

　生産現場における目で見る管理とは、生産現場に発生する異常やロス、ムダなどをひと目でわかるようにしておき、トラブルや悪い事態が発生する前に、的確なアクションがとれる「予防的管理」を実現する技術・仕組みです。

①「目で見る管理」と「目で見る表示」の違い

　図・3 は目で見る表示であり、図・4 が目で見る管理です。この例は、空圧機器の 3 点セット、とくにルブリケーターについて述べたものです。ルブリケーターとは所定のオイルをためて、オイルを必要とする下流の空圧機器、たとえば空圧シリンダーやソレノイドバルブへ、必要なときに必要なだけオイルを供給する役割をもっています。とくに重要な果たすべき役割は、オイルをためることよりも、必要なとき必要なだけ必要とする部位へオイルを供給することです。

　図・3 の例ではルブリケーターの上限下限表示を行い、この管理幅の中にオイルをためて管理しています。これで、オイルを所定量ためておくことに対する正常・異常はわかりやすくなりますが、故障やチョコ停などのトラブルを未然に防ぐ直接的役割としては、この表示では不十分です。なぜなら、オイルを必要とするところへ、必要なときに必要なだけ供給しているかどうかの正常・異常が見えず、判断できないという問題点が解決さ

れていないからです。

　これを解決したのが、**図・4** の例です。この例では、輪ゴムをルブリケーターの油面に巻き付けて、次回点検時に輪ゴムよりもルブリケーターの油面が下にあれば、果たすべき役割が確実に発揮されていることが見てわかる仕組みになっています。ただし、この事例においては、理論的オイル供給量に相当する油面の降下量を定量化し、これをひと目で見える仕組みにすることは必要です。

図・3　目で見る表示の例

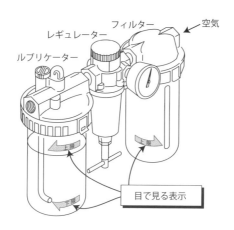

図・4　目で見る管理の例

②目で見る管理のポイント

図・4から考えられる利点は、故障やチョコ停のトラブルを予防する直接的役割について管理できる点です。必要なときに必要なものを必要なだけ供給する機能面の異常を、人間が一生懸命に注意力を駆使して探し出す必要もなく、管理対象物の異常自身の方から人間の視覚へ出現してくれています。また管理対象物自身が正常か異常かの判断をしてくれるので、人間が考えたり計算しなくてもすみます。

人間の注意力や記憶力には限界があります。また、人間は信頼性がバラつきやすい、エラーする動物でもあります。そこで、人間が異常を異常として判断するのではなく、管理対象物の方から異常と判断してくれたり、また人間が異常を探し出すのではなく、管理対象物の方から"異常ですよ"と人間に働きかけてくれる、この仕組みが目で見る管理のポイントです。

ここでもう一度確認しておきますが、目で見る表示が不要といっているのではありません。生産現場には、たとえば数万点の管理対象物が存在します。これらをすべて記憶するのは不可能です。こういう場合には、目で見る表示が必要です。

しかし、あくまで目で見る表示とは「管理対象物の案内役」であり、管理対象物の果たすべき機能の正常や異常の視覚化には不十分です。したがって、トラブルやロスの予防には、直接的貢献は低いといえます。

③目で見る管理の事例

図・5 に、目で見る管理の改善事例をまとめたので、参考にしてください。

図・5　目で見る管理の改善事例

	改善前	改善後		改善前	改善後
1	冷却ファンの作動管理はファンの送風を手で確認していた	送風口に吹流しをつけ、目で見てわかる管理にした	5	スイッチのON・OFF位置表示がなかった	ON・OFF位置矢印表示をつけ、目で見てわかる管理をした
2	メーターの規定圧は目盛りを見て管理していた	メーターに色つけをし、針がグリーン・ゾーンにあるか、目で見てわかる管理をした	6	ボタンのON・OFF位置表示がなかった	ON・OFF表示をつけ、目で見てわかる管理をした
3	取付けねじのゆるみは六角ボルトで増締めをして確認していた	取付けねじを締めた状態で合マークをつけ、目で見てわかる管理をした	7	ストックホームの残量がなくなった時点でわかっていた	ケースに残量警告マークをつけ、目で見てわかる管理をした
4	ボタンランプの点灯表示がないので、ランプの管理ができていなかった	点灯表示マークをボタンのスミにつけ、目で見てわかる管理をした	8	ランプ点灯表示がないので、ランプの管理ができていなかった	点灯表示マークをランプ周囲につけ、目で見てわかる管理をした

問題

・・・

【自主保全仮基準書の作成例】を見て、〔設問1〕～〔設問3〕に答えなさい。

【自主保全仮基準書の作成例】

自主保全仮基準書				
所属	Aサークル	設備名		油圧ユニット

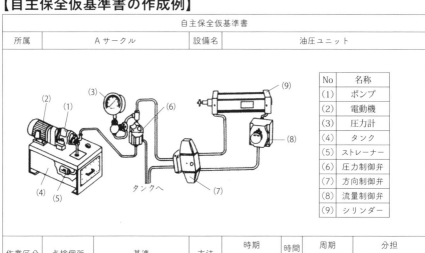

No	名称
(1)	ポンプ
(2)	電動機
(3)	圧力計
(4)	タンク
(5)	ストレーナー
(6)	圧力制御弁
(7)	方向制御弁
(8)	流量制御弁
(9)	シリンダー

作業区分	点検個所	基準	方法	時期			時間（分）	周期			分担	
				起動中	運転中	停止中		日	週	月	オペレーター	保全マン
㉒	タンク	汚れていないこと	ウェスで拭く			○	10'	○			○	
	ポンプ（電動機含む）	汚れていないこと	ウェスで拭く			○	10'	○			○	
㉓	ポンプ（電動機含む）	騒音（異常音）がないこと	聴覚	○	○		5'	○			○	
		振動がないこと	触覚		○		5'		○		○	
		ポンプ表面温度が油温＋5℃以内であること	温度計		○		1.5'			○		○
		カップリングに異常音がないこと	聴覚		○		10'	○			○	
	圧力計	ゼロ点が合っていること	目視			○	5'	○			○	
		圧力は設定範囲内であること	目視	○	○		5'	○			○	
㉔	タンク	油量が油面計の規定レベル内であること	目視		○	○	10'		○		○	

〔設問 1〕

　自主保全仮基準書の作成のねらいとして、もっとも適切な選択肢を選びなさい。　　　⑳

＜⑳の選択肢＞

　ア．設備改善の進め方を学び、改善による成果と次のステップへの自信を高める

　イ．短時間で確実に基本条件の整備ができる行動基準を自ら作成する

　ウ．設備の構造・機能・原理とあるべき姿を理解する

〔設問 2〕

　自主保全仮基準書の作成におけるポイントとして、もっとも適切な選択肢を選びなさい。　　　㉑

＜㉑の選択肢＞

　ア．五感点検を行ってはならない

　イ．給油作業はすべて保全部門の担当とする

　ウ．5W1H を明確化する

〔設問 3〕

　空欄　㉒　～　㉔　に当てはまる語句として、もっとも適切な選択肢を選びなさい。

＜㉒～㉔の選択肢＞

ア．増締め　　　イ．点検　　　ウ．給油　　　エ．解析

オ．加工　　　カ．清掃

解答と解説　自主保全仮基準書の作成

解答

設問1	設問2	設問3		
⑳	㉑	㉒	㉓	㉔
イ	ウ	カ	イ	ウ

解説

　この課題は、自主保全活動第 3 ステップ：自主保全仮基準の作成に関する問題です。

①第 3 ステップのねらい

　このステップは、第 1、第 2 ステップの活動から得られた体験に基づき、

① 第 1 ステップで汚れを清掃して合格したレベルを維持する

② 第 2 ステップで発生源・困難個所を対策した設備の状態を維持する

ことをねらいとしています。

　①と②を継続して維持するために、清掃基準の作成と給油・潤滑状態の見直し、さらに不具合個所、給油や点検の困難個所を摘出・改善して清掃、点検と給油の仮基準を作成します。

　また、守りやすい、時間がかからない基準をつくり、設備の信頼性・保全性の向上を図ります。基準書とともにチェックシートをつくり、管理を進めていきます。

②第 3 ステップの進め方

　第 1、第 2 ステップの活動から得られた体験に基づいて、自分の設備の「あるべき姿」を明らかにします。次に「あるべき姿」を維持するための行動基準（5W1H）を自分たちで作成し、実践していきます。この行動基

準を具体的に表したのが仮基準書です。

仮基準書の作成要領を**図・6**に、事例を**図・7**に示します。

図・6　自主保全仮基準書作成要領の例

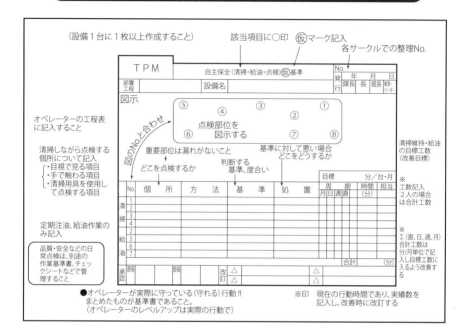

図・7　仮基準書の作成例

	作業手順書		清掃・給油・点検仮基準		有効期限	発行	年　月　日
所属		設備名		（その1）	/		課長 組長 班長

No.	名　称	機　能	適用
1	サクションフィルター	ゴミ・異物を除去する機器	
2	油圧駆動モーター	ポンプを駆動させる動力	0.75kW
3	圧 力 制 御 弁	圧力を制御する弁	
4	方 向 制 御 弁	油流の方向を変える機器	
5	ゲ ー ジ コ ッ ク	圧力計の脈動圧力のショックを防ぐ機器	
6	圧　力　計	圧力を指示する計器	
7	主動力モーター	機械を作動させる動力	3.7kW
8	油　面　計	変速機潤滑油の油量を指示する計器	
9	パイロットモーター	遊星歯車を駆動させる動力	
10	無 段 変 速 機	回転比を無段で変える機器	
11	ベ ル ト カ バ ー	ベルトを保護するカバー	
12	プ ー リ ー	動力を伝達させる機器	
13	ベ ル ト	〃	Vベルト A-49
14	給　油　口	潤滑油を給油する口	
15	空 気 抜 き 口	給油するときモーター内の空気を抜く口	

（OP：オペレーター）

清掃
No.	清掃個所	基　準	方　法	道　具	時間	日	週	月	担当者
	油圧ユニット本体	汚れていないこと	ウエスでふく	ウエス	4′		○		OP
	主動力モーター本体	汚れていないこと	ウエスでふく	ウエス	3′		○		〃

給油
No.	給油個所	基　準	方法	油種	道　具	時間	日	週	月	担当者
1	油圧タンク内の油量	油面レベルゲージ範囲内	目 視	マルチ32	オイルジョッキ	5′			6ヵ月	OP
8	変速機内の油量	油面計レベルゲージ範囲内	目 視		オイルジョッキ	3′			6ヵ月	〃

点検
No.	点検個所	基　準	方　法	道　具	時間	日	週	月	担当者
1	サクションフィルター	汚れていないこと	目 視	点検時清掃	5′			3ヵ月	OP
2	油圧駆動モーター	異常(音・熱・臭)のないこと	聴・触・臭感	停止(保全依頼)	30′		○		〃
3	圧 力 制 御 弁	設定圧作動が維持されていること	目 視	停止(保全依頼)	20′		○		〃
4	方 向 制 御 弁	うなり音がないこと	聴 感	停止(保全依頼)	30′		○		〃
5	ゲ ー ジ コ ッ ク	絞りがきいていること	目視・触感	交 換	5′			○	〃
6	圧　力　計	限界指示値内のこと	目 視	圧力制御弁で調整	10′		○		〃
7	主動力モーター	異常(音・熱・臭)のないこと	聴・触・臭感	停止(保全依頼)	30′		○		〃
9	パイロットモーター	〃	聴・触・臭感	停止(保全依頼)	15′		○		〃
10	無 段 変 速 機	〃	聴・触・臭感	停止(保全依頼)	30′		○		〃
11	ベ ル ト カ バ ー	回転方向確認、プーリーおよびベルトと接触していないこと	目視・触感	調 整	15′			6ヵ月	〃
12	プーリー、ベルト	亀裂、ガタ、摩耗がないこと	目視・触感	交 換	5′		○	6ヵ月	〃

『不二越の TPM』（日本能率協会コンサルティング刊）より

問題

・・

【設備 A に生じたロス時間のデータ】を見て、〔設問 1〕～〔設問 2〕に解答しなさい。

【設備 A に生じたロス時間のデータ】

ロスの項目	相当する時間(分)	内容
故障ロス	30	設備の故障によって生じるロス時間
不良・手直しロス	10	不良・手直しによるロス時間
㉕　　　ロス	20	今まで製造してきた製品を中止し、次の製品が製造できるようになるまでの準備時間
刃具交換ロス	10	刃具の交換によって生じるロス時間
㉖　　・空転ロス	20	一時的なトラブルのために設備がわずかな時間、停止したり空転したロス時間
㉗　　　ロス	10	設備の設計スピードに対して、実際に動いているスピードとの差から生じるロス時間
㉘　　　ロス	10	生産開始時における設備の起動・ならし運転・加工条件が安定するまでの間に発生するロス時間

〔**設問 1**〕

空欄 ㉕ ～ ㉘ に当てはまる語句として、もっとも適切な選択肢を選びなさい。

＜㉕～㉘の選択肢＞

ア．段取り・調整	イ．立上がり	ウ．チョコ停
エ．速度低下	オ．再生産	カ．歩留まり
キ．機能低下	ク．摩擦	

〔**設問 2**〕

設備 A の停止ロス時間の合計として、もっとも適切な選択肢を選びなさい。　㉙

＜㉙の選択肢＞

ア．50 分	イ．60 分	ウ．70 分	エ．80 分

【設備Bの操業データ】を見て、〔設問3〕〜〔設問4〕に解答しなさい。

【設備Bの操業データ】

1日の操業時間	400分
1日の計画休止時間	20分
1日の停止ロス時間	30分
1日の加工数量	500個
1日の不良個数	50個
基準サイクルタイム	0.60分／個
実際サイクルタイム	0.65分／個

〔**設問3**〕

時間稼動率を算出するための稼動時間として、もっとも適切な選択肢を選びなさい。 ㉚

<㉚の選択肢>

ア. 350分　　イ. 370分　　ウ. 380分　　エ. 450分

〔**設問4**〕

設備総合効率を算出するための良品率として、もっとも適切な選択肢を選びなさい。 ㉛

<㉛の選択肢>

ア. 10%　　　イ. 70%　　　ウ. 80%　　　エ. 90%

【選択A】解答と解説

設備の効率化を阻害するロス（加工・組立）

解答

設問1				設問2	設問3	設問4
㉕	㉖	㉗	㉘	㉙	㉚	㉛
ア	ウ	エ	イ	ウ	ア	エ

解説

〔設問1〕

①設備の効率化を阻害するロス

設備の効率化を阻害するロスは、次の3つのグループに分けられます。

- ・停止ロス
  - ①故障ロス
  - ②段取り・調整ロス
  - ③刃具交換ロス
  - ④立上がりロス
  - その他停止ロス
- ・性能ロス
  - ⑤チョコ停・空転ロス
  - ⑥速度低下ロス
- ・不良ロス
  - ⑦不良・手直しロス

（1）故障ロス

設備の効率化を阻害している最大の要因となっています。

故障には、機能停止型故障と機能低下型故障があります。

機能停止型故障とは突発的に発生する故障であり、機能低下型故障とは慢性的に発生し設備の機能が本来の機能よりも落ちてくる故障です。

(2) 段取り・調整ロス

　このロスは、段取り替えに伴う停止ロスのことです。

　段取り替え時間とは、今まで製造してきた製品を中止し、次の製品が製造できるようになるまでの準備時間です。その中でもっとも時間を要するのは、「試し削り」や「調整」などです。

(3) 刃具交換ロス

　刃具交換ロスとは、砥石・カッター・バイトなどの寿命または破損によって刃具を交換するために停止するロスをいいます。

(4) 立上がりロス

　立上がりロスとは、生産開始時における設備の起動・ならし運転・加工条件が安定するまでの間に発生するロスです。

(5) チョコ停・空転ロス

　チョコ停とは、故障と異なり、設備がチョコチョコ止まるなど、一時的なトラブルのために設備が停止したり空転する状態をいいます（チョコトラともいう）。

　たとえば、ワークがシュートで詰まって空転したり、品質不良のためにセンサーが作動し、一時的に停止する場合などです。これらは、ワークを除去したり、リセットさえすれば設備は正常に作動するもので、設備の故障とは本質的に異なるものです。

(6) 速度低下ロス

　速度低下ロスとは、設備の設計スピードに対して、実際に動いているスピードとの差から生じるロスです。

　たとえば、設計スピードで稼動すると、品質的・機械的トラブルが発生するためにスピードをダウンして稼動するという場合です。このスピード

ダウンによるロスを速度低下ロスといいます。

(7) 不良・手直しロス

不良・手直しによるロスです。

一般に、不良といえば廃却不良と考えがちですが、手直し品（補修品）も修正のためのムダな工数を要するため、不良と考えなければなりません。

以上の 7 つを設備の 7 大ロスと呼びます。

〔設問 2〕

②停止ロス時間の合計

停止ロス時間の合計（分）

＝故障ロス時間＋段取り・調整ロス時間＋刃具交換ロス時間

＋立上がりロス時間

＝ 30 ＋ 20 ＋ 10 ＋ 10 ＝ 70（分）

〔設問 3〕

③設備総合効率の計算

操業度や設備効率を阻害するロスと、設備総合効率との関係を表したのが次の**図・8** です。

図・8 設備総合効率の求め方

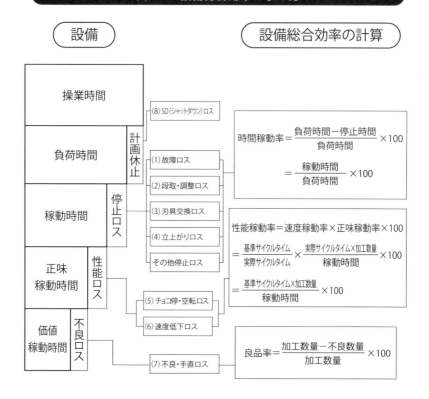

$$設備総合効率（％）＝時間稼動率×性能稼動率×良品率$$

稼動時間（分）＝操業時間－計画休止時間－停止ロス時間
＝ 400 － 20 － 30 ＝ 350（分）

〔設問4〕

良品率（％）＝（加工数量－不良個数）／加工数量×100
＝（500 － 50）／ 500 × 100
＝ 450 ／ 500 × 100 ＝ 90（％）

ワンポイント・アドバイス

　設備総合効率は、時間稼動率、性能稼動率（速度稼動率×正味稼動率）そして良品率の掛け算で求められます。ここで各計算式を並べて書いてまとめると、次のようなことがわかります。

設備総合効率の求め方

設備総合効率の計算

設備総合効率(%)＝時間稼動率×性能稼動率×良品率
　　　　　　　　＝時間稼動率×速度稼動率×正味稼動率×良品率

$$= \frac{稼動時間}{負荷時間} \times \frac{基準サイクルタイム}{実際サイクルタイム} \times \frac{実際サイクルタイム×加工数量}{稼動時間} \times \frac{加工数量－不良個数}{加工数量} \times 100$$

$$= \frac{稼動時間}{負荷時間} \times \frac{基準サイクルタイム×加工数量}{稼動時間} \times \frac{加工数量－不良個数}{加工数量} \times 100$$

$$= \frac{基準サイクルタイム×（加工数量－不良個数）}{負荷時間} \times 100 = \frac{基準サイクルタイム×良品個数}{負荷時間} \times 100$$

$$= \frac{良品個数}{\frac{負荷時間}{基準サイクルタイム}} \times 100 = \frac{良品個数}{基準生産量} \times 100$$

つまり、停止ロス・性能ロス・不良ロスがない設備総合効率100％のとき、負荷時間をそのまま生産に使えたときに得られる良品の生産量（基準生産量とする）に対する、実際の良品個数との割合であるともいえます。

問題

解答と解説

ワンポイント

問題

∙∙∙

【プラント設備 A に生じたロス時間のデータ】を見て、〔設問 1〕〜〔設問 2〕に解答しなさい。

【プラント設備 A に生じたロス時間のデータ】

ロスの項目	相当する時間（時間）	内容
㉕　　　　ロス	20	プラントのスタート、停止、切替えのために発生するロス時間
再加工ロス	20	工程バックによるリサイクルロス時間
生産調整ロス	10	需給関係による生産計画上の調整ロス時間
㉖　　　　ロス	10	工程内での取り扱い物質の化学的・物理的な物性変化や、その他操作ミスや外乱などでプラントが停止するロス時間
㉗　　　　ロス	30	年間保全計画や定期整備などによる休止ロス時間
㉘　　　　ロス	10	プラントの不具合、異常のため生産レートをダウンされた性能ロス時間
工程品質不良ロス	10	不良品を作り出しているロスと廃却品の物的ロス、2級品格下げロス時間
設備故障ロス	20	設備・機器が規定の機能を失い突発的に停止するロス時間

〔設問 1〕

空欄 ㉕ ～ ㉘ に当てはまる語句として、もっとも適切な選択肢を選びなさい。

<㉕～㉘の選択肢>

ア．定常時　　　　　　　　イ．非定常時
ウ．プロセス故障　　　　　エ．SD（シャットダウン）
オ．管理　　　　　　　　　カ．エネルギー
キ．機能低下　　　　　　　ク．自動化置換

〔設問 2〕

プラント設備 A の品質ロス時間の合計として、もっとも適切な選択肢を選びなさい。

㉙

<㉙の選択肢>

ア．10 時間　　イ．20 時間　　ウ．30 時間　　エ．40 時間

【プラント設備 B の操業データ】を見て、〔設問 3〕～〔設問 4〕に解答しなさい。

【プラント設備 B の操業データ】

1ヵ月の暦時間	720時間
1ヵ月の計画休止時間	40時間
1ヵ月の停止ロス時間	30時間
1ヵ月の生産量	5,000トン
1ヵ月の不良量	500トン
理論生産レート	10.0トン／時間
実際生産レート	8.0トン／時間

〔設問 3〕

時間稼動率を算出するための稼動時間として、もっとも適切な選択肢を選びなさい。　　　　　　　　　　　　　　　　　　　　⑳

<⑳の選択肢>

ア．650 時間　　イ．670 時間　　ウ．680 時間　　エ．700 時間

〔設問 4〕

プラント総合効率を算出するための良品率として、もっとも適切な選択肢を選びなさい。　　　　　　　　　　　　　　　　　　㉛

<㉛の選択肢>

ア．10%　　　　イ．70%　　　　ウ．80%　　　　エ．90%

【選択 B】解答と解説　プラントの効率化を阻害するロス（装置産業）

解答

設問1				設問2	設問3	設問4
㉕	㉖	㉗	㉘	㉙	㉚	㉛
ア	ウ	エ	イ	ウ	ア	エ

解説

〔設問 1〕

①プラントの 8 大ロス

装置工業ではプラントの効率を阻害している主なロスとして、次の 8 つがあります。これをプラントの 8 大ロスといいます。

（1）SD（シャットダウン）ロス

（2）生産調整ロス

（3）設備故障ロス

（4）プロセス故障ロス

（5）定常時ロス

（6）非定常時ロス

（7）工程品質不良ロス

（8）再加工ロス

プラントの 8 大ロスについて、それぞれの定義と内容は次のとおりです。

（1）　SD（シャットダウン）ロス

年間保全計画による SD 工事や定期整備などによる休止によって、生産ができなくなる時間（日）のロスです。

SD 休止はプラントの性能維持と保安・安全上から、不可欠な休止時間です。しかし、プラントの生産効率を高めるためにあえて休止ロスとしてとらえ、その極小化をねらいます。すなわち、連続操業日数の延長、SD 工事の効率化と期間短縮などです。その他、SD 工事以外の定期整備などによる休止ロスも含めます。

(2) 生産調整ロス

需給関係による生産計画上の調整時間（日）ロスです。生産される製品がすべて計画どおり販売されれば調整ロスは発生しませんが、需要が減少すれば、プラントを一時的にせよ休止しなければなりません。これを生産調整ロスといいます。

(3) 設備故障ロス

設備・機器が規定の機能を失い、突発的にプラントが停止するロス時間です。ポンプ故障、モーター損傷などの故障により設備停止した時間を故障ロスとして取り上げます。また、機能低下型故障の場合には、後述の非定常生産ロスとして把握します。

(4) プロセス故障ロス

工程内での取扱い物質の化学的・物理的な物性変化や、操作ミス、外乱などでプラントが停止するロス（時間）です。

設備の故障以外でプラントが停止する例は実に多くあります。たとえば、工程内処理物の付着による開閉不良、詰まりによるトリップ、漏れ・こぼれによる電計機器への障害、物性変化による負荷変動のほか、計量ミス・操作ミスや主副原料不良・副資材などの異常によるものです。

(5) 定常時ロス

プラントのスタート、停止および切替えのために発生するロス（レートダウン・時間）です。

　プラントスタート時の立上げ、停止時の立下げおよび品種の切替え時には理論生産レートは維持できません。この生産低下の量をロスとみなし、定常時ロスと呼びます。

(6) 非定常時ロス

　プラントの不具合、異常のため生産レートをダウンさせた場合の性能ロス(レートダウン)です。プラント全体の能力は、理論生産レート(t/h)で表しますが、プラント異常や不具合のため、理論生産レートでは運転することができず、生産レートをダウンして運転することがあります。この場合、理論生産レートと実際生産レートの差が非定常時ロスです。

(7) 工程品質不良ロス

　不良品をつくり出してしている時間ロスと廃却品の物的ロス、2 級品格下げロス(時間・トン・金額)などです。

　工程品質不良の要因はいろいろありますが、主副原料不良・副資材などの異常ロス・計器不良による製造条件設定不良によるロス、運転員の製造条件設定ミスによるロス、外乱によるロスの発生などがあります。

(8) 再加工ロス

　工程バックによるリサイクルロス(時間・トン・金額)のことです。

　装置産業では、「不良品は再加工すれば良品(合格品)になる」という考え方を改めなければなりません。再加工は時間的ロス、物的ロス、エネルギーロスといった、大きなロスを生む原因です。

〔設問 2〕

②品質ロス時間の合計

品質ロス時間の合計(時間)＝工程品質不良ロス時間＋再加工ロス時間
＝ 10 ＋ 20 ＝ 30(時間)

〔設問 3〕

③プラント総合効率の求め方

．．．

　プラント効率を阻害する 8 大ロスと、プラント総合効率との関係を表したのが次の**図・9** です。

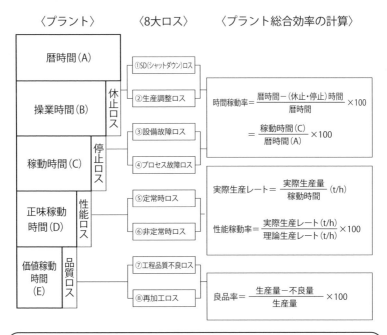

図・9　プラント総合効率の求め方

〈プラント〉　　　〈8大ロス〉　　〈プラント総合効率の計算〉

- 暦時間（A）
- 操業時間（B）
- 稼動時間（C）
- 正味稼動時間（D）
- 価値稼動時間（E）

休止ロス
- ①SD（シャットダウン）ロス
- ②生産調整ロス

停止ロス
- ③設備故障ロス
- ④プロセス故障ロス

性能ロス
- ⑤定常時ロス
- ⑥非定常時ロス

品質ロス
- ⑦工程品質不良ロス
- ⑧再加工ロス

$$時間稼動率 = \frac{暦時間 -（休止・停止）時間}{暦時間} \times 100$$

$$= \frac{稼動時間（C）}{暦時間（A）} \times 100$$

$$実際生産レート = \frac{実際生産量}{稼動時間}（t/h）$$

$$性能稼動率 = \frac{実際生産レート（t/h）}{理論生産レート（t/h）} \times 100$$

$$良品率 = \frac{生産量 - 不良量}{生産量} \times 100$$

プラント総合効率（%）＝時間稼動率×性能稼動率×良品率

稼動時間（時間）＝暦時間－休止ロス時間－停止ロス時間

　　　　　　　＝ 720 － 40 － 30 ＝ 650（時間）

〔**設問 4**〕

良品率（％）＝（生産量－不良量）／生産量×100

　　　　　　＝（5000 － 500）／ 5000 × 100

　　　　　　＝ 4500 ／ 5000 × 100 ＝ 90（％）

One Point

ワンポイント・アドバイス

　　プラント総合効率は、時間稼動率、性能稼動率、良品率の3つの相乗積により求めることができます。ここで各計算式を並べて書いてまとめてみると次のようなことがわかります。

プラント総合効率の計算

プラント総合効率(%) ＝ 時間稼動率×性能稼動率×良品率

$$= \frac{稼動時間}{暦時間} \times \frac{実際生産レート}{理論生産レート} \times \frac{生産量-不良量}{生産量} \times 100$$

$$= \frac{稼動時間}{暦時間} \times \frac{実際生産量}{稼動時間} \times \frac{1}{理論生産レート} \times \frac{生産量-不良量}{生産量} \times 100$$

$$= \frac{生産量-不良量}{暦時間\times理論生産レート} \times 100 = \frac{良品量}{暦時間\times理論生産レート} \times 100$$

$$= \frac{良品量}{理論生産量} \times 100$$

　こうしてみるとプラント総合効率は、8大ロスがなくプラント総合効率100%のとき、暦時間をそのまま生産に使えたときに得られる生産量（理論生産量とする）に対する、実際の良品量との割合であるともいえます。

故障ゼロの考え方

問題

【故障ゼロの考え方】を見て、〔設問1〕に解答しなさい。

【故障ゼロの考え方】

　故障とは、設備が[　㉜　]を失うことであり、人間が「故」意に「障」害を起こすと書く。設備に携わるすべての人々がその考え方や行動を変えなければなくなることはない。

　設備は故障するものという考え方から、[　㉝　]という考え方に改めることが、まず故障ゼロへの出発点である。

　故障はなぜ起こるかと考えると、故障のタネ（欠陥）に故障の発生まで気づかないからである。このように、ふだん気づかない故障のタネを「潜在欠陥」という。故障ゼロのための原則は、この潜在欠陥を[　㉞　]することである。それによって、欠陥が故障に発展する前に修理すること（未然防止）で、故障をまぬがれることになる。

　潜在欠陥は、目に触れないために放置されている[　㉟　]的潜在欠陥と、保全員やオペレーターの意識・技能の不足から、発見できないで放置されている[　㊱　]的潜在欠陥に分類される。

〔**設問 1**〕

空欄 ㉜ ～ ㊱ に当てはまる語句として、もっとも適切な選
択肢を選びなさい。

<㉜～㊱の選択肢>

ア．動力源　　　　　　　　　イ．時間

ウ．設計　　　　　　　　　　エ．物理

オ．心理　　　　　　　　　　カ．数値化

キ．故障は設備の能力不足である　ク．顕在化

ケ．設備を故障させない　　　コ．規定の機能

【故障ゼロへの 5 つの対策】を見て、〔設問 2〕に解答しなさい。

【故障ゼロへの 5 つの対策】

故障ゼロへの5つの対策	現場の状況の例
使用条件を守る	・設計条件を守り、正しく操作する ・　㊲
劣化を復元する	・　㊳ ・劣化を補修し元の正しい状態に戻す
㊴	・運転スキルを高める ・修理ミスをなくす
設計上の弱点を改善する	・機器の故障履歴や発生原因を整理・解析する ・故障が多い機器・部品を改善し、故障間隔を延ばす
㊵	・設備を清掃する ・適正な給油を行う

〔設問 2〕

空欄 ㊲ ～ ㊵ に当てはまる語句として、もっとも適切な選択肢を選びなさい。

＜㊲～㊵の選択肢＞

ア．技能を高める

イ．段取り時間を短縮する

ウ．基本条件を整える

エ．過大な負荷や条件で運転しない

オ．抜取り検査を行う

カ．点検・検査で劣化を顕在化する

キ．ボルト・ナットを増締めする

解答

設問1					設問2			
㉜	㉝	㉞	㉟	㊱	㊲	㊳	㊴	㊵
コ	ケ	ク	エ	オ	エ	カ	ア	ウ

解説

〔**設問1**〕

①故障ゼロの考え方

　故障の定義は、JIS によれば「故障とは、設備が規定の機能を失うこと」です。故障とは、人間が「故」意に「障」害を起こすと書き、設備に携わるすべての人々がその考え方や行動を変えなければなくなりません。

　設備は故障するものという考え方から、「設備を故障させない」「故障はゼロにできる」という考え方に改めることが、まず故障ゼロへの出発点です。

　故障ゼロの基本的な考え方とは以下のとおりです。

・設備は人間が故障させている

・人間の考え方や行動が変われば、設備は故障ゼロにすることができる

・「設備は故障するもの」という考え方から、「設備を故障させない」「故障はゼロにできる」という考え方に改めること

(1) 故障ゼロのための原則

　故障はなぜ起こるかと考えると、故障のタネ（欠陥）を故障の発生まで気づかないからです。

　このように、ふだん気がつかない故障のタネを「潜在欠陥」といいます。

故障ゼロのための原則は、この潜在欠陥を顕在化する（私たちが、故障の発生前に気づく）ことです。それによって、欠陥が故障に発展する前に修理すること（未然防止 ― 予防）で、故障をまぬがれることになります（**図・10**）。

　一般に潜在欠陥とは、ゴミ、汚れ、摩耗、ガタ、ゆるみ、漏れ、腐食、変形、きず、クラック、温度、振動、音などの異常です。「この程度なら放っておいても大丈夫だろう」と思ってしまうような小さな欠陥や、軽微なのでつい見逃してしまう微欠陥なのです。

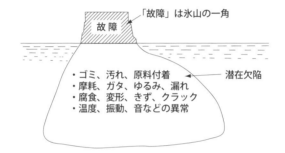

図・10　故障ゼロのための原則

（2）潜在欠陥 2 つのタイプ

潜在欠陥には 2 つのタイプがあります。

①タイプ 1：物理的潜在欠陥

物理的に目に触れないために放置されている欠陥です。たとえば、

・分解するか診断しないとわからない内部欠陥

・取付け位置が悪くて見えない欠陥

・ゴミ、汚れのために見えない欠陥

などがあげられます。

②タイプ 2：心理的潜在欠陥

保全員やオペレーターの意識・技能の不足から、発見できないで放置さ

れている欠陥をいいます。たとえば、次のようなことがあげられます。

・目に見えるにもかかわらず、無関心から見ようとしない
・この程度は問題ないと無視してしまう
・技能が不足しているために見逃してしまう

〔設問 2〕

②故障ゼロへの 5 つの対策

故障ゼロへの対策の考え方として、次の 5 項目があります。
（1）基本条件を整える
（2）使用条件を守る
（3）劣化を復元する
（4）設計上の弱点を改善する
（5）技能を高める

故障の分類整理をして故障解析を進めていくと、故障の原因として、基本条件の不備、使用条件を守らない、劣化の放置、設計上の弱点内在、技能の欠如の 5 つがあげられます。これらは、すべて人の行動に関係しています。したがって、故障をゼロにするためには、人の考え方、行動を変えていかなければなりません。そこで、故障ゼロへの対策として、5 つの対策をしていくことが重要です。

（1）基本条件を整える（基本条件の整備）

基本条件とは、設備の清掃、給油、増締めの 3 要素をいいます。基本条件を整えることは、設備の劣化を防ぐ活動であり、故障の原因をつくらないためのもっとも重要な活動です。

基本条件を整備することにより、設備は強制劣化がなくなり、自然劣化の状態になります。

① 清 掃

清掃とは、文字どおり設備のゴミ、汚れをきれいにふき取ることを意味

します。設備はゴミ、汚れを非常に嫌うものであり、機械のしゅう動部や油圧系統・電気制御系統などはゴミ・汚れが災いして、摩耗、詰まり、漏れ、作動不良、通電不良、精度低下などを起こし、突発故障や製品不良につながることが多くあります。これをゴミ、汚れ、異物による設備の強制劣化といいます。設備の強制劣化を防ぐには、まず清掃を徹底することが必要です。

　清掃とは、単に見た目をきれいにすることではありません。清掃すると、いやでも設備の隅々まで手を触れ、目で見ることになります。そうすることによって、ゴミ、汚れはもちろん、設備・型治工具の摩耗、ガタ、キズ、ゆるみ、変形、漏れ、クラックや温度、振動、異常音などの"潜在欠陥"を"顕在化させる"という重要な意味を持っています。これをひと言でいうと、"清掃は点検なり"ということです。

②　給　油

　設備は、給油なしでは満足に働くことができません。給油をおろそかにすると、焼付きなどの突発故障の直接の原因になることはもちろん、摩耗や温度上昇などによって設備の劣化を早めます。その影響は設備全体に広がって、さまざまな故障の原因になります。

　給油が不完全であることは、それに携わる人たちの関心が薄いことによって生まれる、心理的潜在欠陥の代表例といえます。

③　増締め

　ボルト・ナットに代表される締結部品の脱落・折損・ゆるみは、設備故障に大きな影響を与えます。

　たとえば、ベアリングユニットや型・治工具の取付けボルト、リミットスイッチやドッグの取付けボルト、カップリングの締付けボルト、配管継手のフランジボルトなど、たった1本のボルトのゆるみによっても故障につながることがあります。

　また、1本のボルトのゆるみが振動を大きくし、そのためにさらにボルトのゆるみを誘い、振動が振動を呼び、ガタがガタを呼ぶというように劣化を波及させ、知らず知らずのうちに非常にやっかいな故障の原因をつく

り出していく場合もあります。

　ボルト・ナットの欠陥は、潜在欠陥のうちでもかなり大きな比率を占めるものの１つです。

(2) 使用条件を守る（使用条件の順守）

　設備に正しくその働きを発揮させるには、それなりの条件を整えておくことが必要です。

　たとえば、油圧系統では作動油の温度、量、圧力、異物の混入や酸化など、電気制御系統や計器類では温度、湿度、ホコリ、振動などを管理する必要があります。

　汎用部品ではリミットスイッチを例にとると、その取付け位置、取付け方法、ドッグの形状、ローラー・レバーとドッグとの当たり角度や強弱度合いなど、それぞれ正しい条件を整えて使用しなければなりません。また、設備固有の運転・操作・負荷条件を設備ごとに明確に定め、守ることも大切です。

　設備の使用条件を忘れて改善しようとしても、作動精度や加工条件が安定せず、繰り返し故障を起こしてしまうことになります。使用条件を守らないことによって生じる不具合をなくすためには、設備ごとあるいは部品ごとに使用条件を明確にして、これを守ることが大切です。

(3) 劣化を復元する（劣化の復元）

　一般的な故障対策をみると、設備・型治工具の劣化を復元しないで改善したり、故障した個所だけを部分的に復元するといった、誤った処置が多いように思われます。

　設備・型治工具は、それなりの強度や精度のバランスがとれて、はじめてその働きを十分に果たせるものです。もし設計・製作のミスによって、もともと強度や精度のバランスがとれていないことが明確な場合は、改造することが必要です。そのことを明確にせず、故障個所にばかり目をうばわれて、その故障に関連する構成部品の劣化の原因をそのままにして、部

分的な復元や設計変更などを行っても、故障の原因が潜在化している場合は、繰り返し故障が起きることになります。

　設備は時間とともに少しずつ劣化していき、弱くなった部分から次つぎに故障していくものです。したがって、故障した部分だけを復元したり改造しても、劣化の進んだ次に弱い部分からまた故障してしまうのです。そこで、設計変更などを考える前に、まず図面という原点にかえって、劣化部位を事前の点検・検査によって正しく顕在化させ、設備全体としての強度や精度のバランスを復元することが、故障低減への早道です。

　劣化を正しく復元するためには、劣化の発見や予知を正しく行う手段を明確にすることと、発見・予知された劣化を正しく復元する方法を明確にすることが必要です。前者は定期的な点検・検査基準や設備診断技術によって行われ、後者は整備基準によって実施されます。

（4）設計上の弱点を改善する

　故障をなくすためには、構成部品の材質や寸法・形式を変更するなど、設備の設計を変更することが必要な場合も多くあります。基本条件を守っても寿命が短い場合には、点検・検査や復元処置が故障の発生に追いつかず、保全コストの負担が大きくなります。このような場合には、設計上の弱点を解明して改造するほうが有効になってきます。

　しかし、設備の安易な改造は避けるべきです。たとえば、故障の現象やデータ、あるいは設備の構造を確かめもせず、設計上の真の弱点をとらえないままに、早とちりや他の設備からの連想のみによる改造をして失敗することがあるからです。

　構成部品の寿命が短いと考えられる場合には、設計上の弱点かまたはその他の理由かを明確にして、もし前者と考えられるならば、その真の弱点をしっかりとつかんで改造計画を立てて実施していきます。

（5）技能を高める（運転・保全の技能向上）

　故障対策を考える際に、設備・型治工具やその設備で加工される材料な

ど、物にだけ目をうばわれずに、人間の技能がどうあるべきかの検討をすることが大切です。

　設備の構造・機能の面だけから原因は何かという追究をすると、設備・型治工具・材料など物にばかり目をうばわれがちになり、その結果、設計変更や材料の仕様変更などをしても、故障が減らないことがあります。

　技能不足によって起こる故障の存在を、考えることが大切です。操作ミスや修理ミスであるとはっきりわかる場合はまだよいですが、実際は誤ったやり方をしているのに正しいと思い込んでいる場合があり、そのためになかなか解決されない故障もあります。

　したがって、設備の特性に応じて、その設備を運転・保全する人が持つべき真の技能とは何かを明らかにし、それらの人たちに対する教育・訓練を重ねて技能を高めていくことが重要です。

QCストーリー

問題

●●

【QCストーリーの事例】【QCストーリーの一般的な手順】【用いた品質管理手法】を見て、〔設問1〕〜〔設問3〕に解答しなさい。

【QCストーリーの事例】

・Aサークルでは、問題となっているチョコ停の低減活動に取り組むことにした。
・チョコ停の発生状況を確認するために、設備ごとに何件のチョコ停が発生しているかを調査した。**A**
・その結果を集計して、チョコ停の発生件数と累積比率を分析し、発生件数の多い設備の改善に取り組むことにした。**B**
・チョコ停の発生状況をより詳しく調査するために、要因解析を行い、原因と思われる要素を洗い出した。**C**
・室内温度とチョコ停回数の相関関係を調査したところ、室内温度が高いときにチョコ停が多いことがわかった。**D**
・室内温度の上昇対策として、空調設備を設置した。
・空調設備の設置後、室内温度が規定温度以上に上昇しなくなり、チョコ停の発生件数が低減したことを確認した。
・室内温度の管理方法を標準化して、メンバーに周知した。
・他にもチョコ停の発生件数が増加している工程があるため、活動板を用いて、他サークルに活動内容の横展開を行った。

【QCストーリーの一般的な手順】

手順	内容
1	テーマの選定
2	㊶
3	㊷
4	問題発生の要因解析
5	原因に対する対策と実施
6	㊸
7	標準化と管理の定着
8	残された問題と今後の進め方

【用いた品質管理手法】

下線部	名称	概略図
A	㊹	㊽
B	㊺	㊾
C	㊻	㊿
D	㊼	(51)

〔設問1〕

空欄 ㊶ ～ ㊸ に当てはまる手順として、もっとも適切な選択肢を選びなさい。

<㊶～㊸の選択肢>

ア．効果の確認　　イ．目標設定と活動計画の立案
ウ．現状の把握

〔設問2〕

空欄 ㊹ ～ ㊼ に当てはまる名称として、もっとも適切な選択肢を選びなさい。

<㊹～㊼の選択肢>

ア．チェックシート　　イ．パレート図　　ウ．特性要因図
エ．ヒストグラム　　オ．管理図　　カ．散布図

〔設問 3〕

空欄　⑱　～　㊿　に当てはまる概略図として、もっとも適切な選択肢を選びなさい。

＜⑱～㊿の選択肢＞

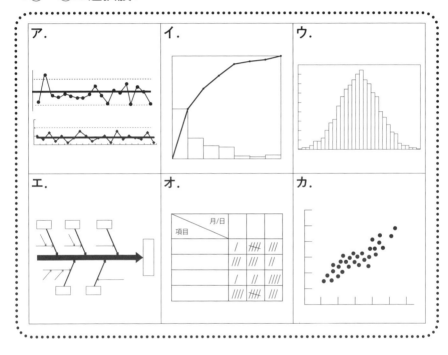

ア.

イ.

ウ.

エ.

オ.

項目	月/日			
		/	/////	///
		///	////	//
		/	//	///
		////	/////	///

カ.

解答

設問1			設問2				設問3			
㊶	㊷	㊸	㊹	㊺	㊻	㊼	㊽	㊾	㊿	㉛
ウ	イ	ア	ア	イ	ウ	カ	オ	イ	エ	カ

解説

① QC ストーリーの説明

　QC ストーリーと呼ばれる問題解決のアプローチは、実践活動のなかで形成された発見的な方法です。その解説に関しては、本や企業によって微妙な違いがあったりします。すなわち、ステップの数が違ったり、またおのおののステップの呼び方が違っていたりしています。しかし、よく見れば本質的には同じストーリーであることがわかります。

　7 ステップの QC ストーリーの事例を、**表・1** に示します。

表・1　QC ストーリーの事例

ステップ	実施項目
1. テーマの選定と取り上げた理由	・2017 年 4 月から、工場方針として工程不良の低減活動を開始した ・活動の目標は、2017 年 3 月度の工程不良率 1.8% を 2017 年 9 月末までに 1.0% 以下にすることとした ・現状では、○○工程の△△不良が常にワーストになっているため、○○工程の△△不良低減をテーマに選定して取り組んだ
2. 現状の把握と目標設定	・2016 年度下期の不良率の実績をグラフにし、現状把握した ・不良記録データをパレート図で層別分析した結果、○○工程の△△不良がワースト 1 だったので、ゼロ化を目標に設定した
3. 活動計画の作成	・5W1H で活動計画日程表を作成して取組みを開始した
4. 要因の解析	・図面、資料により加工の原理・原則を抽出した ・なぜなぜ分析により物理的なメカニズム解析を実施した ・摩耗量と加工精度との相関を散布図で検証した
5. 対策の検討と実施	・対策案を検討し、その結果を対策系統図と評価項目のマトリックス図にした ・総合評価の検討結果に基づいて、対策案を決定し実施した
6. 効果の確認	・△△不良の低減状況をパレート図で確認した ・不良率の低減状況をグラフで確認した
7. 標準化と管理の定着	・設備の点検に関する対策実施項目を点検基準書に織り込んだ ・設備の構造改善の内容は MP 情報としてフィードバックした

② QC 手法

　この課題の選択肢で取り上げられている QC 七つ道具のパレート図、特性要因図、チェックシート、ヒストグラム、散布図、管理図について説明します。

(1) パレート図

　一種の度数分布で、故障、手直し、ミス、クレームなどの損害金額、件数、パーセントなどを原因別・状況別にデータをとり、その数値の多い順

に並べた棒グラフをつくれば、もっとも多い故障項目や、もっとも多い不良個所などがひと目でわかります。このようにしてでき上がった棒グラフの各項目を、折れ線グラフで累積和を図示したものがパレート図です（**図・11**）。パレート図によって原因の格付けができ、上位の原因から改善活動を行うことによって不良原因を効率的に排除できます。

図・11　パレート図

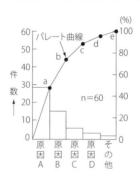

（2）特性要因図

品質特性（結果）に対して、その原因となる要因はどのようなものであるかを体系的に明確化しようとするもので、形が魚の骨に似ていることから、一般に「魚の骨の図」とも呼ばれています（**図・12**）。

図・12　特性要因図（魚の骨の図）

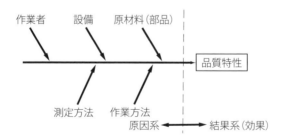

(3) チェックシート

　データ収集の効率化と明確化のために、管理に必要な項目や図などが印刷されているものに、チェックしていきます。

　チェックシートには用途別に、調査用チェックシートと点検・確認用チェックシートの2種類があります。

　調査用チェックシートの例として、度数分布表（**表・2**）があります。度数分布表は、ある品質特性に対するバラツキの状況や、規格との関連を調査するためのもので、ヒストグラムを作成するときのデータとなります。

　点検・確認用チェックシートには、設備の日常点検チェックシートや検査工程における品質管理チェックシートなどがあります。

表・2　度数分布調査用チェックシート

○○工場度数分布調査票							
工程名	外径旋削	製品名	ジョイント	規格	30.00±0.05	調査日 9／3	調査者 刈谷
No	区間	中心値	チェック			度数	備考
1	+0.05以上		///			3	
2	+0.04〜+0.05	+0.045	7H4 /			6	
3	+0.03〜+0.04	+0.035	7H4 ////			9	
4	+0.02〜+0.03	+0.025	7H4 7H4 7H4 7H4 //			22	
5	+0.01〜+0.02	+0.015	7H4 7H4 7H4 /			16	
6	0.00〜+0.01	+0.005	7H4 7H4 7H4 //			17	
7	−0.01〜0.00	−0.005	7H4 7H4 //			12	
8	−0.02〜−0.01	−0.015	7H4 7H4			10	
9	−0.03〜−0.02	−0.025	///			3	
10	−0.04〜−0.03	−0.035	/			1	
11	−0.05〜−0.04	−0.045	/			1	
12	−0.05以下					0	
	合計					100	

(4) ヒストグラム（histogram）

　度数分布表にもチェックのマークが記入してあるので、大体の分布の状態を知ることができますが、これを柱状図で正確に表したものをヒストグ

ラムといいます（**図・13**）。これは、平均値やバラツキの状態を知るのに用いたり、規格値と比較して不良品をチェックするなど、一種の工程解析の手法として重要な役割を持ちます。

図・13　ヒストグラム

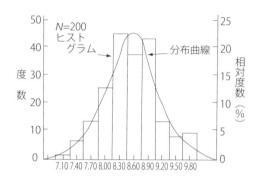

(5) 散布図（scatter diagram）

1種類のデータについては、度数分布などで分布のだいたいの姿をつかむことができますが、対になった1組のデータ（体重と身長など）の関係・状態をつかむには、散布図を用います（**図・14**）。たとえば、温度と歩留まりや、加工前の寸法と加工後の寸法の間にどのような関係があるかという、この関係を相関といいます。相関には正相関と負相関があります。

図・14　散布図

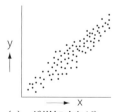

(a) xが増加すれば
　　yも増加する（正相関）

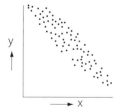

(b) xが増加すれば
　　yは減少する（負相関）

問題

解答と解説

ワンポイント

(6) 管理図

　管理図とは、工程が安定した状態にあるかどうかを調べるため、または工程を安定した状態に保つための管理限界線の入った折れ線グラフをいいます。管理図には計数値（人の数、故障発生件数など）と計量値（長さ、重さ、時間、温度などの連続した値）の管理図があります。

　① $\bar{X}$-R（エックスバー・アール）管理図

　$\bar{X}$ 管理図と R 管理図を組み合わせたものです。$\bar{X}$ 管理図は主として分布の平均値の変化を見るために用い、R 管理図は分布の幅や各群内のバラツキの変化を見るために用いられます。$\bar{X}$-R 管理図は、工程の特性が長さ、重量、強度、純度、時間、生産量などのような計量値の場合に用います。**図・15** は、$\bar{X}$-R 管理図（解析用）の例です。

　② p 管理図

　不適合品率（不良率）の管理図といわれ、サンプル中にある不良品の数を不良率 p で表し、$\bar{X}$-R 管理図のように組み合わせずに単独で使われます。

　計数値の管理図に分類されるもので、サンプルの数の大きさ n が一定でないとき（1 日に鉄板が 100 枚入荷して不良が 8 枚、5 日に鉄板が 200 枚入荷して不良が 14 枚というように、n が一定していないとき）に p 管理図を用います。

　③ np 管理図

　不適合品数（不良個数）の管理図といわれ、サンプル中にある不良品の数を不良個数 np で表したときに用います。

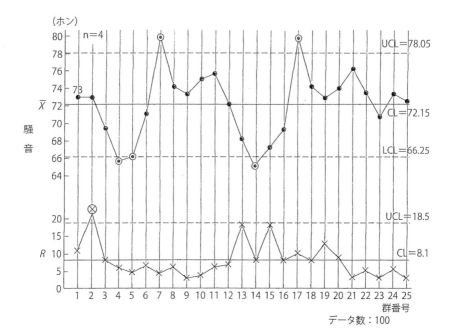

図・15 $\bar{X}$-R 管理図（解析用）

作業改善のためのIE

問題

● ●

【IE手法】を見て、〔設問1〕に解答しなさい。

【IE手法】

IEとは、仕事を[52]するための手法である。工場における生産設備や流れ生産ラインの仕組みは、すべてIE手法という科学的管理手法が活用できる。例えば、指導を受けるときに示される
「[53]表（票）」などは、IE手法の中でもっとも基本となる作業研究という手法が使われている。

他にも、代表的な手法として、稼動分析を行う[54]法や、編成効率を求めるための[55]分析などがある。

〔設問1〕

空欄[52]～[55]に当てはまる語句として、もっとも適切な選択肢を選びなさい。

<52～55の選択肢>

- ア．よりラクに、早く、安く
- イ．より慎重に、正確に
- ウ．標準作業
- エ．スキルチェック
- オ．ワークサンプリング
- カ．全数検査
- キ．ラインバランス
- ク．アベイラビリティ

【動作経済の原則】を見て、〔設問 2〕に解答しなさい。

【動作経済の原則】

　作業者が行う作業の動作分析、改善を進めていくときに使われる動作経済の原則という考え方は、下表の 3 つから成り立っている。

動作経済の原則	特徴
⑤⑥ の原則	作業のしやすい作業域の設計
⑤⑦ および 機械の原則	人間工学的立場からの ⑤⑦ ・設備の活用
⑤⑧ の原則	作業時の人体機能を活かした ⑤⑧

〔設問 2〕

　空欄 ⑤⑥ ～ ⑤⑧ に当てはまる語句として、もっとも適切な選択肢を選びなさい。

<⑤⑥～⑤⑧の選択肢>

　ア．作業場所　　　　　イ．作業時間　　　　　ウ．治工具

　エ．エネルギー　　　　オ．動作方法　　　　　カ．作業強度

【作業の分類】を見て、〔設問 3〕に解答しなさい。

【作業の分類】

　作業は一般的に、 ⑤⑨ 、 ⑥⓪ 、 ⑥① の 3 つに分類される。下表はそれぞれに該当する作業の例である。

作業の分類	作業内容の例
⑤⑨	加工が終わったワークを取り出すために、扉が開くのを待っている
⑥⓪	棚から部品を取り出すために歩行している
⑥①	ワークに穴あけ作業をしている

〔**設問 3**〕

　空欄 ⑤⑨ 〜 ⑥① に当てはまる語句として、もっとも適切な選択肢を選びなさい。

＜⑤⑨〜⑥①の選択肢＞

ア．正味作業　　　　イ．付随作業　　　　ウ．ムダ
エ．共同作業　　　　オ．定常作業　　　　カ．管理ロス

解答

設問1				設問2			設問3		
㊾	㊿	⑷	⑸	⑹	⑺	⑻	⑼	⑽	⑾
ア	ウ	オ	キ	ア	ウ	オ	ウ	イ	ア

解 説

〔**設問1**〕

① IE とは

IE とは、仕事をよりラクに、早く、安くするための技術です。この IE 手法の基本を学び、徹底した「ムダ・ムラ・ムリ」の排除を行うことが必要です。

IE の手法は、「モノづくり」で人が道具や機械を上手に使う工夫・研究から生まれました。オペレーターが日常働いて品物をつくり出している生産設備や流れ生産ラインの仕組みは、すべて IE 手法という科学的管理手法が活用できます。初めて作業に取り組むにあたり、上司から受ける指導などで示される「標準作業表（票）」などは、IE 手法の中でももっとも基本となる作業研究（時間研究と動作研究）という手法が使われており、仕事をよりラクに、早く安くするための日常の改善にも大いに活用されています。

代表的な手法として次のようなものがあります。

①工程計画：工程分析・作業研究（動作研究、時間研究）

②工場計画：プラントレイアウト・マテリアルハンドリング

③稼動分析：ワークサンプリング法など

④編成効率：ラインバランス分析など

〔設問2〕

②動作研究とは

「動作研究」とは、人間のからだの部分と目の動きを分析して、もっとも良い方法を見出すための研究です。量産工場などで繰り返されることが多い作業の分析に適しています。

　通常は下記の2点を着眼点として、日常の改善で実践していくことが望ましいです。

　① 動作のムダ・ムラ・ムリの改善

　② 1人ひとりの作業の構成に着目

　作業は、一般的に**図・16**の3つに分類されます。「ムダ」は、即改善の対象となります。さらに「付随作業」に着目して、改善します。

図・16　作業の分類

正味作業	商品として価値を生み出す作業
付随作業	価値を高めず、現在の作業条件の下では省けないが、やり方や工具・組み付け部品の供給位置を変更改善すれば、ムダや労力の軽減できる作業
ムダ	つくりだめのムダや、不良をつくるムダなど、すぐ改善でなくしたい作業

※作業とは：いくつかの動作の組合わせのこと

〔設問3〕

③動作経済の原則

動作経済の原則（Principles of motion economy）

作業者が行う作業の動作分析、改善を進めていくときに使われます。作

業者の疲労をもっとも少なくして、仕事量を増加するため、いかに人間の
エネルギーを有効に活用するかという考え方です。ギルブレス（Gilbreth）
により提唱され、今日では人間工学（ergonomics）として発展しています。

　作業をもっとも能率よく遂行するためには、ムダ・ムラ・ムリを省いて
作業者が最高の能力を発揮できるような作業方法を定め、それに適した機
械設備、治工具、作業域が与えられなければなりません。そのために、作
業を動作に分解して観察し、改善を行い、もっとも疲労が少なく、しかも
経済的な動作を採用することが必要です。動作経済の原則は、「動作は次
の原則に従った作業がもっとも経済的である」とされるもので、以下の3
つから成り立っています。共通のねらいは「ラクに」です。

①動作方法の原則（use of human body）：作業時の人体機能を生かし
　た動作方法

②作業場所の原則（arrangement of the work place）：作業のしやすい
　作業域の設計

③治工具および機械の原則（design of tools and equipment）：人間工
　学的立場からの治工具・設備の活用

潤滑

問題

【潤滑管理の基本活動】【潤滑管理のフロー】【潤滑管理が必要な理由】を見て、〔設問1〕〜〔設問3〕に解答しなさい。

【潤滑管理の基本活動】

・オペレーターにできる潤滑管理の基本活動は、以下の5つである。

（1）. 適正な潤滑油を使用する

（2）. 適正な方法で給油する

（3）. 適正な　　⑥2　　を給油する

（4）. 適正な　　⑥3　　に給油する

（5）. 潤滑に関する故障を早期発見する

【潤滑管理のフロー】

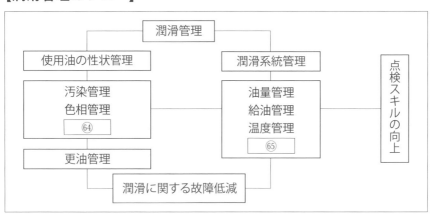

【潤滑管理が必要な理由】

・潤滑管理が必要な理由は、以下のとおりである。

（1）潤滑油は使っているうちに汚れる（汚染）

→ゴミ、ホコリ、水、金属の　⑥⑥　、切削油などによって汚れる

（2）潤滑油は使っているうちにいたむ（劣化）

→空気や酸素に触れて　⑥⑦　し、いたんでスラッジなどができたり、粘度が増加する

（3）潤滑油は使っているうちに性能が低下する

→　⑥⑧　が消耗し、　⑥⑧　によって高められた性能が低下する

〔設問1〕

空欄　⑥②　～　⑥⑧　に当てはまる語句として、もっとも適切な選択肢を選びなさい。

＜⑥②～⑥⑧の選択肢＞

ア．接着剤　　イ．時期　　　　ウ．膨張　　　エ．量

オ．摩耗粉　　カ．漏えい管理　キ．微欠陥　　ク．ガス

ケ．添加剤　　コ．形状管理　　サ．絶縁管理　シ．酸化

ス．水分管理　セ．蒸発

〔設問2〕

　潤滑油の主な働きとして、<u>適切でない</u>選択肢を選びなさい。　⑲

<⑲の選択肢>

ア．すすや汚れを落とし、洗い流す（洗浄効果）

イ．摩擦熱を保持して、温度が下がらないようにする（保温効果）

ウ．金属表面の錆や腐食を防ぐ（錆止め効果）

エ．接触面に油膜を形成し、力を分散する（応力分散効果）

〔設問3〕

　潤滑剤の点検ポイントとして、もっとも適切な選択肢を選びなさい。

⑳

<⑳の選択肢>

ア．油面計のレベルを見ることで、油の温度に異常がないかを確認することができる

イ．潤滑油に水分が混入しても、潤滑油の色は変化しない

ウ．潤滑油が劣化してくると、泡立ちが増加する可能性がある

エ．潤滑剤の保管場所は、できるだけ屋外とし、容器の口は開放しておくと良い

解答

設問1							設問2	設問3
⑥2	⑥3	⑥4	⑥5	⑥6	⑥7	⑥8	⑥9	⑦0
エ	イ	ス	カ	オ	シ	ケ	イ	ウ

解説

①潤滑管理

・・・

(1) 潤滑管理の必要性

　潤滑管理の目的は、潤滑剤を適性給油することにより、機械・装置の性能・精度を維持することにあります。一般に潤滑管理は、潤滑用資材の管理および潤滑部分の維持管理の2つをいいます。具体的に、オペレーターにできる潤滑管理の基本活動は、

①適正な潤滑油を使用

②適正な給油方法

③適正な給油量

④適正な給油・更油の実施

⑤潤滑に関する故障の早期発見

をすることです。

　これらの事柄について、しっかり決めてきっちり守る、これがオペレーターに課せられた役割と責任であり、現場で行う潤滑管理です。

　潤滑管理のフローを図・17に示します。

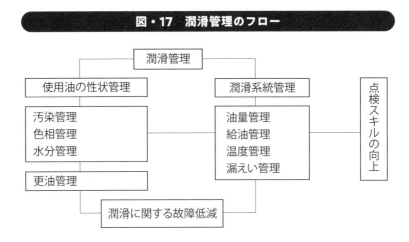

図・17　潤滑管理のフロー

（2）なぜ潤滑管理が必要か

潤滑管理が必要な理由は、以下のとおりです。

①潤滑油は使っているうちに汚れる（汚染）：ゴミ、ホコリ、水、金属の摩耗粉、切削油などによって汚れる

②潤滑油は使っているうちにいたむ（劣化）：空気中の酸素に触れて酸化し、いたんでスラッジや酸性物質ができたり、粘度が増加する

③潤滑油は使っているうちに力が衰える（添加剤の消耗）：添加剤が消耗し、添加剤によって高められた機能が衰える

（3）性状管理の内容

使用条件、環境条件により潤滑油の劣化・汚染が促進されます。一般的な劣化・汚染による変化を表・3 に示します。

項　　目	変　　　　　化	原　　　　　因
比　重	増加　　　低下	異種油の混入、潤滑油の劣化
引火点	低下	異種油の混入、熱による分解
色　相	濃くなる 不透明になる	潤滑油の劣化 スラッジの生成 水分の混入（0.1%以下）
粘　度 （±10%）	増加　　　低下	異種油の混入、潤滑油の劣化 高粘度指数油の場合は、添加剤 劣化による低下
全酸価	増加　　　低下	潤滑油の劣化 添加剤の消耗、変質
水分離性	分離時間が長くなる	潤滑油の劣化、異種油の混入
消泡性	泡立ちの増加 放気性の低下	潤滑油の劣化 添加剤の消耗

②潤滑剤の機能

　潤滑剤は、その言葉の示すとおり相対運動する2両面の抵抗の低減、摩擦・摩耗防止を目的として使用されます。そのほか、用途により**表・4**に掲げたような効果があります。

　給油のおもな目的は、機械設備の摩擦面に油を差すことにより、金属同士の直接接触による焼付き防止と2面間の摩擦による温度上昇を抑え、油膜面を形成して摩擦面を隔離し、摩擦の防止と摩擦を減少させることです。

　摩擦があるところには必ず摩耗が生じますが、摩耗量は潤滑を行うことによりいちじるしく減少させることができます。

　給油いわゆる「油を差す」ことにより、物質と物質の間に油の膜が形成されるからです。

表・4　潤滑のおもな働きと効果

おもな働き	説　　　　　明
減摩効果 （摩耗を減らす）	・摩擦を減らし、摩耗を防ぐ 　機械の摩擦部分を潤滑して摩擦抵抗を少なくすることにより摩擦を防ぐと同時に動力の損失を少なくし、機械の効率を高める
冷却作用 （冷やす）	・摩擦熱の発生を抑え、発生した熱を運び去る 　摩擦によって発生する熱を奪い、焼付きや熱膨張などによるトラブルを防ぐ
洗浄作用 （汚れを落とす）	・すすや汚れを落とし、洗い流す 　摩擦面から汚れや異物を外に運び出す
錆止め作用 （錆や腐食を防ぐ）	・金属表面の錆や腐食を防ぐ 　金属表面に密着して、空気や水との接触を防止する
応力分散作用 （力を分散）	・接触面に油膜を形成し、力を分散する 　油膜により、潤滑部分の集中荷重の力を分散させる
密封・防じん作用 （すき間をふさぐ）	・ガス漏れや、水、ホコリの侵入を防ぐ 　潤滑部を密封し、外部からのホコリなどの侵入を防止する

③潤滑剤の劣化

　品質のすぐれた潤滑剤であっても、維持・管理が十分でないと、機械・装置の性能を長持ちさせることができません。そのためには、予防保全を完全に行い、異常を早期発見し、適切な処置をとることが重要です。

　劣化は、潤滑油中の不安定な成分が、空気中の酸素を吸収して酸化物をつくることによって起こります、要因として考えられる原因とその処置について、**表・5** に示します。劣化が進行すると、焼付き、かじり、摩耗、騒音・振動などのトラブルが生じます。

表・5　潤滑油の劣化原因・発見方法とその処置

劣化原因	内　　　容	問題点の見つけ方と確認方法	処　　置
熱の影響	一般に温度が10℃上昇すると、酸化速度は2倍になる。使用温度は油種ごとの推奨温度範囲内で使用する	サーモラベルを使用する	クーラー取付け、循環式冷却
金属の影響	潤滑油不足などが原因で、摩耗が進むと金属粉が油中に拡散し、酸化が進む	油中にマグネットを挿入し、確認する。または、サンプルを取り透明容器に入れ、マグネットを近づけると鉄分が引き寄せられる	マグネットセパレーター設置　浄油、交換フィルターの見直し
水分の影響	潤滑油中に水が混入すると、かき回されて乳化（白濁化）し、金属表面に錆が発生して、酸化が進む	サンプルを取り、10h程度放置すると水と油が分離する	浄油、交換
汚染の影響	摩擦面の摩耗粉とか、外部からの侵入異物によるもので、実用上は酸化による劣化よりも、この異物・ゴミの影響が大きいので十分な管理が大切である。また、作動油の汚染物質はときとして触媒となり、酸化を早める	メイブラン試験法（ミリポアフィルター）による測定微粒子計測器による測定	浄油、交換

図面の見方

問題

・・・

【工作物 A の立体図】を見て、〔設問 1〕に解答しなさい。

【工作物 A の立体図】

背面方向

正面方向　　　　　右側面方向

（参考）別方向から見た工作物 A の
立体図

〔設問 1〕

工作物 A の正面図、平面図、右側面図として、もっとも適切な選択肢
を選びなさい。

正面図：[　⑦　]　　　平面図：[　⑫　]　　　右側面図：[　⑬　]

<＜⑦①〜⑦③の選択肢＞

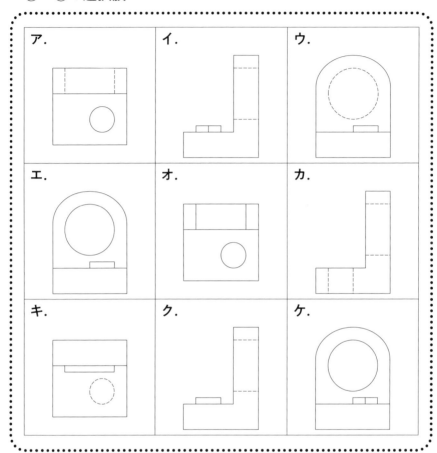

＜⑦①〜⑦③の選択肢＞

【工作物 B の図面】を見て、〔設問 2〕に解答しなさい。

【工作物 B の図面】

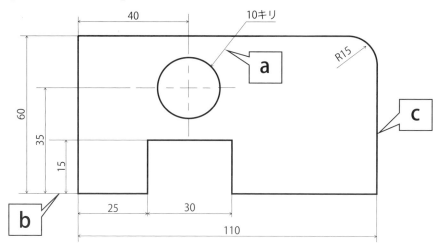

〔設問 2〕

工作物 B の a、b、c の線の名称として、もっとも適切な選択肢を選び
なさい。

　　a の線：⑭　　　　b の線：⑮　　　　c の線：⑯

<⑭〜⑯の選択肢>

ア．想像線	イ．中心線	ウ．かくれ線
エ．引出し線	オ．寸法補助線	カ．外形線

解答

[設問1]

⑦	⑦	⑦
エ	ア	ク

[設問2]

⑦	⑦	⑦
エ	オ	カ

解 説

〔設問1〕

①第三角法

　品物の図形を正確に表すには、正投影法が用いられますが、1つの投影面だけでは不完全なので、同時にいくつかの投影面に品物を投影させて、その投影図の組み合わせで図示すると理解しやすくなります。

　そこで**図・18**のように2つの投影面を直角にして、4つの空間をつくり、その空間を右上から左回りに第一角、第二角、第三角、第四角と名づけます。この第三角の空間に品物を置いて投影するのが、第三角法です。(**図・19**)

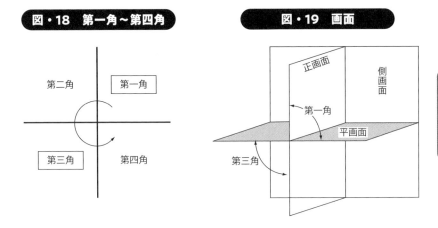

図・18　第一角〜第四角

第二角　　第一角

第三角　　第四角

図・19　画面

正画面

側画面

第一角

平画面

第三角

問題

解答と解説

ワンポイント

　第三角法は、第三角内の空間に品物を置いて投影して、品物の手前に投影面をおいて投影することになります。

　すなわち、見える面を見ている側の投影面に投影するのです。

②第三角法の投影図

図・20 に示す各投影面に投影された投影図を、次のように呼びます。

A：正面図（立面図）

B：右側面図（側面図）

C：平面図

図・20　三角法の投影図配置

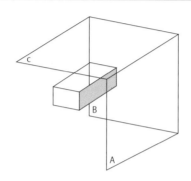

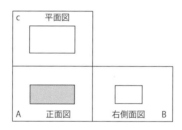

　立体図から第三角法の正面図、平面図、側面図（右側面図）を描いた例を次に示します。

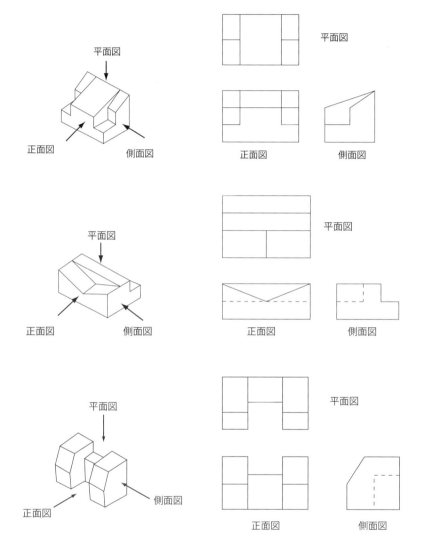

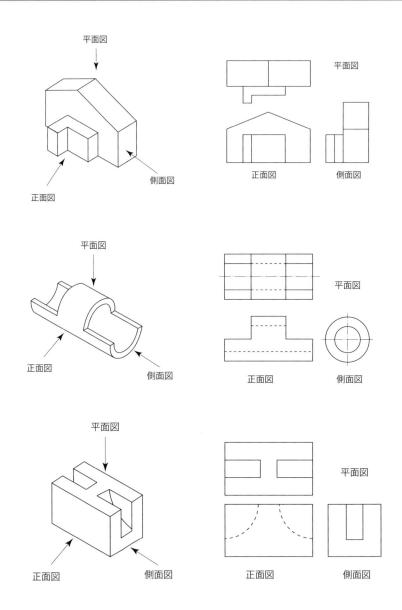

[設問 2]

175 ページを参照ください。

＜参考文献＞
『図面の見方・描き方』四訂版（真部富男　著、工学図書）
『図面の新しい見方・読み方』改訂 3 版（桑田浩志・中里為成　共著、日本規格協会）

　本書の内容に関するお問合わせは、インターネットまたは Fax で
お願いいたします。電話でのお問合わせはご遠慮ください。
・URL　https://www.jmam.co.jp/inquiry/form.php
・Fax 番号　03（3272）8127
自主保全士検定試験の詳細については、日本プラントメンテナンス
協会（https://www.jishuhozenshi.jp/）に直接ご確認ください。

2024 年度版 自主保全士検定試験 実技問題集

2024 年 5 月 30 日　初版第 1 刷発行
2024 年 9 月 10 日　　第 3 刷発行

編著者 ——— 日本能率協会マネジメントセンター
　　　　　　　©2024 JMA MANAGEMENT CENTER INC.

発行者 ——— 張　士洛

発行所 ——— 日本能率協会マネジメントセンター

〒 103-6009　東京都中央区日本橋 2–7–1　東京日本橋タワー
TEL：03-6362-4339（編集）／ 03-6362-4558（販売）
FAX：03-3272-8127（編集・販売）
https://www.jmam.co.jp/

装　　丁 ——— 冨澤 崇（EBranch）
本文 DTP・印刷 ——— 株式会社グロップ
製 本 所 ——— 株式会社三森製本所

ISBN 978-4-8005-9222-4 C3053
落丁・乱丁はおとりかえします。
PRINTED IN JAPAN